LE CŒUR
ET
L'ESPRIT DES BÊTES

PAR
Mme W. DE CONINCK

PARIS
J. BONHOURE ET Cie, ÉDITEURS
48, RUE DE LILLE, 48

LE CŒUR

ET

L'ESPRIT DES BÊTES

PARIS. — IMPRIMERIE DE E. MARTINET, RUE MIGNON, 2

LE CŒUR

ET

L'ESPRIT DES BÊTES

PAR

Mme W. DE CONINCK

PARIS
J. BONHOURE ET Cie, ÉDITEURS
48, RUE DE LILLE, 48

CANARDS ET CANNE.

LE CŒUR

ET

L'ESPRIT DES BÊTES

DANS LA VALLÉE

Oh ! mon frère, qu'il fait bon ici ! et que j'aimerais y demeurer! disait une petite créature de sept à huit ans à un grand et maigre jeune homme qui pouvait en avoir dix-neuf. Ils venaient de faire une longue route au grand soleil sur un chemin poudreux et se trouvaient tout à coup dans une délicieuse vallée entre des montagnes couvertes de bois de sapins. A leurs pieds coulait un large ruisseau qui serpentait au milieu d'une petite prairie toute bleue de myosotis. D'autres fleurs sauvages aux couleurs brillantes croissaient au bord du ruisseau, qui par endroits disparaissait sous l'épaisse verdure des saules et des buissons. Un peu plus loin on apercevait une scierie mécanique et quelques habitations qui l'entouraient.

— Oh! Roland, reprit encore la petite, je suis si fatiguée! C'est si ennuyeux de toujours marcher, toujours changer de place, de ne voir que des gens qu'on ne connaît pas!

— Est-ce que tu regrettes d'avoir quitté nos compagnons? lui demanda son frère.

— Non certainement, reprit l'enfant, ils étaient trop méchants. Puis avec eux c'était la même chose, nous étions toujours à voyager. Tiens, regarde de l'autre côté du ruisseau ce petit garçon pas beaucoup plus grand que moi, comme il a l'air de s'amuser. Il est si occupé, qu'il ne nous voit pas.

— Je crois qu'il fait un petit moulin dans le ruisseau, dit Roland. J'en ai fait aussi dans mon temps.

— Il est bien heureux de demeurer dans un si joli endroit, ajouta la petite en soupirant. Je t'en prie, restons ici; j'aimerais tant pouvoir jouer et cueillir des fleurs tout à mon aise.

— Restons ici! restons ici! c'est facile à dire; mais nous ne pouvons vivre en mangeant de l'herbe et des fleurs comme les chèvres. Voici mon dernier morceau de pain, et je n'ai plus un sou dans ma poche; il faut donc nous hâter de gagner une ville, afin que nous puissions ramasser un peu d'argent. Allons, viens vite, tu t'es assez reposée.

La petite s'était assise sur l'herbe et ne paraissait nullement disposée à bouger.

— Ce petit garçon se nourrit-il d'herbe et de fleurs? demanda-t-elle.

— Mais non, petite sotte! il a probablement des parents qui travaillent à cette scierie et qui gagnent de l'argent pour lui faire la soupe.

— Eh bien, Roland, pourquoi ne travaillerais-tu pas aussi à cette scierie et ne gagnerais-tu pas de l'argent pour toi et pour moi?

Cette idée parut étonner le jeune homme. Il resta un instant à réfléchir; puis il dit en branlant la tête :

— On ne voudrait pas me donner d'ouvrage, je ne sais pas travailler, et de plus je ne sais si j'aimerais cela.

— Mon bon frère, dit la petite en se jetant à son cou, je t'en prie, restons ici, je suis si fatiguée, si fatiguée, je ne puis pas aller plus loin.

— Eh bien, reste là et attends-moi, dit le garçon un peu brusquement. Je vais aller voir si les gens qui demeurent là veulent me donner de l'ouvrage ou du moins quelque chose à manger et la permission de passer une nuit dans un de leurs hangars.

— Tu ne me laisseras pas longtemps seule, dit la petite d'un air craintif; et, s'approchant tout près du ruisseau, elle s'assit sur le bord, le dos appuyé contre un arbre. Son frère s'éloigna à grands pas, et il n'y avait pas dix minutes qu'il était parti, que la pauvre petite voyageuse épuisée par la chaleur et la fatigue fermait les yeux et s'endormait.

Elle dormait déjà depuis un bon moment lorsqu'elle fut réveillée en sursaut par un objet qui lui tombait sur le nez. Elle examina ce que c'était et vit un morceau de pipe cassée.

Pensant qu'on le lui avait jeté, elle regarde de tous les côtés : personne à droite, personne à gauche, au-dessus d'elle personne non plus. Alors elle croit avoir rêvé et referme les yeux. Avant d'être de nouveau complétement endormie, elle sent un autre objet qui lui tombe dessus, puis un autre, puis encore un autre. Effrayée, elle se relève, et au même instant une voix rauque, étrange, qui part de tout près d'elle, chante ce refrain de Béranger :

> Les gueux, les gueux sont des gens heureux,
> Ils s'aiment entre eux, vive les gueux !

— Mon frère ! mon frère ! crie la petite épouvantée; et, tout en criant, elle se met à courir. Un grand chien, attiré par ce bruit, traverse le ruisseau à la nage, et la poursuit en aboyant; l'enfant affolée court, court jusqu'à ce qu'elle aperçoive un pont; elle tourne et s'y précipite si brusquement, qu'elle donne de la tête contre un petit garçon qui courait en sens inverse. Ils tombent à terre tous les deux et restent un instant étourdis du choc. Le chien tourne autour d'eux, flaire l'un, flaire l'autre, mais sans paraître avoir la moindre mauvaise intention. Il semble plutôt leur demander : Que faites-vous là, dans cette posture étrange? Le garçon se relève le premier et va aider sa compagne d'infortune. Est-ce que tu t'es fait mal, petite fille? lui demande-t-il. Relève-toi; n'aie pas peur de Turc; il était avec moi de ce côté du ruisseau, il t'a entendu crier et il a voulu aller à ton secours. C'est le meilleur chien qu'on puisse voir.

Tout en parlant il examinait la petite fille, qui venait de se remettre sur ses pieds.

— Tu es bien drôle, lui dit-il après un moment de silence. Comment t'appelles-tu? moi, je m'appelle Antoine.

— Et moi, Titania, dit la petite.

— Tu as un drôle de nom et tu es une drôle de petite fille. Tinata, tu dis.

— Je m'appelle Titania; mais on m'appelle Tita, c'est plus court. Pourquoi suis-je drôle?

Antoine était fort embarrassé pour répondre à cette question, et cependant nous ne pouvons nous étonner de l'effet étrange que lui faisait Tita. Elle était fort petite, trèsfluette, très-brune; d'énormes yeux noirs remplissaient presque tout son visage, avec cela un petit nez un peu recourbé et une petite bouche avec des dents très-blanches. Elle était vêtue d'une robe rouge très-courte et un peu trouée, et d'un corsage de velours noir décolleté qui laissait voir son cou et ses petits bras presque aussi bruns que de l'acajou; sa noire et épaisse chevelure était retenue par un cercle de cuivre bien brillant. Elle possédait aussi un vieux châle bariolé et un mauvais chapeau de paille; mais ils étaient tombés dans sa course. Antoine formait avec elle le contraste le plus frappant : c'était un fort gaillard d'une dizaine d'années, au teint blanc et rose et aux cheveux blonds coupés très-courts. Ses yeux, d'un bleu clair, étaient à la fois très-doux et très-intelligents. Ils étaient là à se contempler l'un l'autre, lorsque le frère de Tita parut à l'entrée du pont accompagné d'un autre homme habillé comme un contre-maître de fabrique.

— Il faut partir, petite, dit Roland d'un ton découragé; monsieur ne veut pas me donner d'ouvrage.

— Nous ne pouvons ainsi employer les premiers venus,

répondit l'homme. Tu n'as pas de papiers et tu dis toi-même que tu n'es pas habitué à travailler.

— Tu entends, Tita, j'ai fait ce que j'ai pu; allons, viens donc!

Mais Tita se couvrit la figure de ses mains et se mit à sangloter.

— J'aimerais tant rester ici! disait-elle au milieu de ses larmes; et je suis si fatiguée de marcher toujours!

Le bon petit Antoine, tout ému, se précipita dans les bras du contre-maître en s'écriant :

— Oh! papa! papa, je t'en prie, ne la renvoie pas, j'aimerais tant qu'elle restât avec moi!

— Que veux-tu faire de cette petite bohémienne?

— Elle sera ma petite sœur, j'aurai soin d'elle et nous serons si heureux ensemble. Regarde comme elle est petite et maigre. Elle sera malade, bien sûr, si on ne la laisse pas se reposer ici.

Le contre-maître était lui-même ému de pitié en voyant le désespoir de cette chétive petite créature. Il hésita un instant et finit par dire qu'à cause de l'enfant il essayerait de trouver un ouvrage que le jeune Roland pût faire.

Antoine dans sa joie étouffa presque son père de baisers, puis courut à Tita, lui essuya les yeux avec son mouchoir, la prit par la main et voulut de suite l'emmener jouer; mais la petite lui échappant courut au contre-maître, saisit sa large main hâlée et y déposa un baiser avec autant de respect que s'il eût été un prince.

Le brave homme sourit et dit à son fils de mener d'abord la petite à la maison, afin de lui donner à manger, et de ne la mener jouer qu'après. Tita, tout intimidée et pressée d'aller cueillir des fleurs dans les jolies prairies, préféra rester à la porte pendant que son petit cavalier entrait lui chercher du pain, du fromage et un panier de cerises; ensuite, tout en courant, ils se rendirent à l'endroit où Antoine avait essayé de faire un moulin. Un tout petit ruisseau tombait dans le grand, après avoir fait plusieurs cascades, et c'est en bas de l'une d'elles que le petit garçon avait établi une roue composée de plusieurs planchettes. L'eau en tombant sur les planchettes faisait tourner la roue. Tita en fut émerveillée, et cela rendit Antoine encore plus fier d'avoir si bien réussi. Lorsqu'ils eurent suffisamment admiré, ils s'assirent à côté l'un de l'autre sur le bord du ruisseau, où Tita trempait de temps en temps ses petits pieds fatigués; puis, tout en mangeant leur goûter, ils se mirent à causer.

— Pourquoi as-tu crié, demanda Antoine, quand tu étais sur la route? Je n'ai vu personne auprès de toi lorsque Turc est parti comme un fou et m'a fait regarder de ce côté.

Tita devint toute pâle au souvenir de sa frayeur et raconta à son camarade ce qui lui était arrivé. Antoine se mit à rire de tout son cœur en l'écoutant, puis lui dit :

— C'est Job, c'est ce drôle de corps de Job qui était dans l'arbre. Il ne sait que cette chanson-là, mais il la chante très-bien.

— Qui est Job? demanda la petite; un homme?

— Eh non! c'est un corbeau, un bien amusant personnage. Je suis sûr que tu n'en as jamais vu de pareil. Il ne doit pas être loin, je vais l'appeler et te présenter à lui.

— Job! Job!

— Job! vieux coquin, répéta une voix rauque, juste au-dessus de leur tête, et un gros oiseau vint en volant s'abattre à quelques pas d'eux.

Tita cacha par un mouvement instinctif ses petits pieds nus sous sa vieille jupe, lorsqu'elle vit le grand bec pointu et les yeux malins du noir personnage qui sautillait vers eux.

— N'aie pas peur, dit Antoine, il n'est pas méchant. Il y a seulement quelques personnes qu'il a prises en grippe et qu'il pince toutes les fois qu'il le peut. Allons, Job, regarde cette petite fille, elle doit te plaire; car je pense qu'elle est un peu de ta famille : elle est presque aussi noire que toi.

— Mais je n'ai pas le nez si long, dit Tita en riant.

Job s'approcha, toucha avec le bout de son bec la petite jupe rouge, et, apercevant un trou, se mit aussitôt en devoir de l'agrandir en tirant énergiquement les fils.

— Tiens, dit Antoine, caresse-lui la tête, tu t'en feras de suite un ami. Donne ta bonne petite tête, Job.

Et le corbeau s'avançant planta son bec en terre et resta immobile, tandis que les enfants passaient délicatement leurs doigts sur les plumes de sa tête et de son cou. Ensuite, il se dirigea vers le chien, qui était paresseusement couché au soleil, lui tira la queue et les oreilles, sauta sur son ventre; mais tout cela très-amicalement, comme s'il était content de le voir. Turc se prêtait avec complaisance à ses caresses et se contentait de retirer sa patte ou sa queue lorsque Job piquait un peu trop fort.

Tita les regardait avec étonnement.

— Comme ils paraissent s'aimer! s'écria-t-elle.

— Cela n'est pas étonnant, reprit Antoine; Job doit la vie à Turc. Sans lui il aurait été noyé, et nous ne l'aurions jamais connu.

— Oh! raconte-moi cela, cher petit Tonio de mon cœur, dit la petite câline, en posant sa tête brune sur l'épaule du gros garçon. Je suis si bien ici! c'est si bon de se reposer et de t'entendre parler de tes amis les animaux! Mais, dis-moi, est-ce que tu n'as pas aussi des petits garçons et des petites filles pour amis?

— Non, il n'y a pas d'autre enfant que moi à la scierie, et pas d'autre femme que maman Catherine, qui fait la soupe pour tout le monde. Les ouvriers, ou bien ne sont pas mariés, ou ont leurs familles à la ville. Aussi, je suis bien heureux de t'avoir, et j'espère que tu ne me quitteras jamais. Tu seras ma petite reine et je ferai tout ce que tu voudras.

— Alors, commence par me raconter l'histoire de Turc et de Job.

Antoine commença :

— Il y a déjà plusieurs années de cela. Mon père avait à parler à M. le comte, qui est le propriétaire de cette scierie. Il partit le matin de bonne heure avec Turc, qui était alors un tout jeune chien. Le comte habite un beau château assez loin d'ici, et, autour de son château, il y a un parc avec une pièce d'eau couverte de cygnes et de canards de toutes les espèces. Papa était entré du côté de la pièce d'eau et marchait au bord lorsqu'il aperçut sur l'autre rive toute une famille de cygnes; enfants et parents étaient sortis de l'eau et se chauffaient au soleil. Tout à coup un corbeau se précipite sur un des petits cygnes et veut le tuer; mais le papa arrive aussitôt, il prend le corbeau dans son grand bec et l'emporte dans l'étang. Le corbeau poussait des cris désespérés, et le cygne cherchait à le noyer, lorsque Turc, excité par son maître, se jette à l'eau, traverse à la nage et va tout droit vers le corbeau, qu'il saisit par le milieu du corps. Le cygne étonné lâche sa victime, donne un grand coup de bec au chien, puis, inquiet pour ses petits, il va les rejoindre. Turc revient à la nage et dépose le corbeau auprès de papa. Il ne bougeait plus et paraissait mort. Ce n'est qu'à force de le frotter et de l'essuyer que papa l'a ressuscité, et il me l'a apporté le soir à la maison.

— Est-ce qu'il savait déjà chanter et parler? demanda Tita, que ce récit intéressait vivement.

— Non, il a appris en nous entendant. Par exemple, il savait déjà voler. Je ne veux pas dire voler sur les arbres, mais nous prendre tout ce que nous laissions traîner. Je me rappelle qu'un jour mes petits souliers avaient disparu, et maman, après les avoir bien cherchés, en a trouvé un dans une marmite, et l'autre sur une armoire.

— Pourquoi les avait-il pris? Il ne voulait pourtant pas mettre des souliers.

— Non, mais il aime à faire des provisions de toutes

CORBEAU ET CYGNES.

sortes de choses. Regarde, je vais lui donner mon couteau, je suis sûr qu'il va le cacher.

En effet, dès que Job vit le couteau briller au soleil, il quitta le chien, vint auprès, l'examina; puis, comme il était un peu lourd, il le traîna derrière un buisson, mit des feuilles mortes par-dessus, ainsi que des petites branches, et arrangea le tout si bien, qu'il était impossible de deviner que quelque chose fût caché là.

— Comme il est habile! dit Tita; qui donc lui a appris cela?

— Personne, répondit Antoine; il a appris tout seul, ou plutôt c'est le bon Dieu qui lui a appris cela, comme il lui a appris à marcher, à manger, à voler.

— Le bon Dieu! qu'est-ce que c'est que le bon Dieu?

Pour le coup Antoine demeura stupéfait. Ne pas savoir ce que c'était que le bon Dieu, ne pas le prier tous les soirs! Il n'aurait jamais cru qu'il y eût des enfants si ignorants que cela. Cependant il ne savait trop comment répondre à cette question et réfléchit un moment avant de dire:

— Le bon Dieu, c'est le papa que nous avons tous au

ciel. Il est aussi le papa des animaux et leur apprend tout ce qu'il faut qu'ils sachent pour vivre heureux sur la terre. Puis, ne voulant pas s'aventurer plus loin dans un sujet qu'il trouvait un peu au-dessus de sa portée, il changea brusquement de conversation et demanda à Tita d'où elle venait et ce qu'elle faisait auparavant.

— Je viens de partout, dit la petite : j'ai été en bateau, en chemin de fer, en charrette, sur des chevaux, sur des ânes, sur des mulets.

— Cela devait être bien amusant! dit le petit garçon en la regardant avec admiration.

— Non, dit Tita, c'était très-ennuyeux et très-fatigant; j'aime bien mieux rester ici.

— Est-ce que tu n'avais ni papa, ni maman? demanda-t-il encore; et que faisaient ces gens avec qui tu étais?

— Les uns achetaient et revendaient des chevaux, les autres raccommodaient des chaudrons, et les femmes dansaient, faisaient des tours de cartes, ou disaient la bonne aventure. Je ne me rappelle pas avoir jamais vu mon papa; mais maman, il n'y a pas bien longtemps qu'elle est morte.

Un soir, elle a dit à Roland d'avoir bien soin de moi et de ne pas me laisser aller avec la troupe s'il pouvait trouver quelqu'un qui voulût se charger de moi. Ensuite elle s'est endormie et ne s'est plus jamais réveillée.

— Et Roland t'a-t-il bien soignée? est-il bon pour toi?

— Oui, il m'aime bien; mais il n'était pas toujours là, et les autres n'étaient pas bons. Ils me battaient souvent, surtout la grande Sarah, la femme du chef. Elle voulait m'apprendre à danser devant le monde pour gagner de l'argent et toujours elle se fâchait et me donnait des coups. Un jour, j'ai eu le malheur de renverser en courant sa marmite pleine de soupe; alors, elle m'a tant battue, tant battue, que je crois qu'elle m'aurait tuée, si Roland n'était venu m'arracher de ses mains. Alors il m'a dit :

— Nous partirons demain; je ne veux pas qu'on te maltraite.

Nous nous sommes sauvés avant le jour pour qu'on ne nous retienne pas, et depuis, nous errons tous deux sur les grandes routes. Je danse quand il y a du monde pour me regarder, et Roland fait quelques tours d'adresse. On nous donne presque toujours des sous; mais je n'aime pas cela.

Pendant que les enfants bavardaient ainsi, le jour tombait, et Turc s'agitait et avait l'air de dire : Retournons à la maison. Il se considérait certainement comme chargé de la garde d'Antoine, car jamais il ne s'éloignait de lui quand il jouait dehors.

Le petit garçon finit par le comprendre; il mena Tita auprès de sa mère, qui ne l'avait pas encore vue, et tout en la lui présentant, il lui dit :

— Pense un peu, maman, elle n'avait jamais entendu parler du bon Dieu.

Si son but était d'exciter la pitié de sa mère pour sa petite amie, il ne pouvait mieux faire, car la bonne Catherine fut aussitôt prise d'une grande commisération pour ce pauvre petit être sans parents, ni dans le ciel, ni sur la terre.

Elle fit asseoir la petite à table avec eux, et lorsque, après le dîner, le père, qui se nommait Fritz, donna la leçon de lecture et d'écriture à Antoine, elle alla vite chercher une vieille jupe d'indienne et commença à confectionner une petite robe pour l'orpheline.

Tita, malgré sa fatigue, écoutait avec la plus grande attention tout ce que Fritz expliquait à son fils et suivait avec intérêt les efforts de ses doigts maladroits.

— Voudrais-tu aussi prendre des leçons? lui demanda le contre-maître.

— Oh oui! bien volontiers, cela m'amuserait beaucoup.

— Eh bien, commençons tout de suite, cela donnera peut-être de l'émulation à ce gros paresseux-là.

La petite n'avait jamais rien appris; mais elle était si intelligente, et mettait tant d'intérêt à ce qu'elle faisait, que le maître vit bientôt qu'il pourrait en faire une brillante élève.

Cette nuit-là Tita coucha auprès de son frère dans une cabane pleine de paille. La bonne Catherine eut l'attention de leur donner des couvertures et leur recommanda bien de ne pas mettre le feu.

Le lendemain, les deux enfants étaient si impatients de se retrouver, qu'ils se levèrent de bonne heure. Ils burent une grande tasse de lait, mangèrent un morceau de pain bis et commencèrent par examiner la scierie. Tita s'étonnait de voir la grande scie marcher toute seule et le tronc d'arbre qu'on sciait s'avancer, s'avancer, jusqu'à ce que la scie l'eût séparé en plusieurs planches. Antoine lui expliquait que c'était l'eau qui faisait marcher tout cela. Il lui montra la grande roue que l'eau faisait tourner en tombant dessus et qui faisait aller les autres machines. Ils rencontrèrent par là Roland qui était occupé à dépouiller de ses branches et de son écorce un arbre dont on voulait faire des planches. Son ouvrage ne paraissait pas lui plaire beaucoup. Un peu plus loin, ils se trouvèrent dans un endroit que dame Catherine appelait pompeusement sa basse-cour. C'était une espèce de petit bassin, ou plutôt de marécage, où quelques oies et beaucoup de canards prenaient leurs ébats. Il y avait aussi quelques poules et un petit coq rouge qui picoraient autour. Les enfants leur jetèrent un peu de pain, et Tita était si enchantée, qu'elle eût voulu rester là toute la journée, car elle aimait beaucoup les animaux. Tout à coup les poules poussèrent un cri perçant et restèrent immobiles.

— C'est Job qu'elles ont entendu, dit Antoine. Elles ne peuvent s'habituer à lui et crient à son approche comme à celle d'un oiseau de proie.

— Est-ce qu'il cherche à leur faire du mal?

— Non, pas aux grandes poules. Une fois il a voulu prendre un poulet; mais la mère poule et le petit coq rouge lui sont tombés dessus si courageusement, qu'il n'a plus osé essayer.

Comme il disait ces mots, Job vint en volant se poser sur son épaule et s'écria : Voleur ! voleur!

— Pourquoi t'appelle-t-il voleur? dit la petite questionneuse en riant de tout son cœur.

— Parce qu'on l'appelle comme cela lui-même. Il répète toutes les sottises que les ouvriers lui disent quand il leur joue de mauvais tours, comme de leur chipper leur déjeuner, leur cacher leurs outils ou leur casser leurs pipes. Ils se seraient déjà fâchés contre lui et l'auraient tué, s'il ne parlait pas si bien. On dit qu'on n'a jamais vu un corbeau dire autant de choses, et que nous pourrions bien le vendre cent francs si nous voulions.

— J'espère que vous ne le vendrez pas; on l'enfermerait dans une cage, et il serait très-malheureux.

Les deux enfants, escortés de Turc et de Job, se mirent alors à gravir la montagne. Antoine connaissait tous les sentiers des environs et n'avait pas peur de se perdre. Tita, qui n'avait guère voyagé que sur des grandes routes, ne s'était jamais trouvée au milieu d'un bois de sapins.

Cette voûte sombre, ces troncs d'arbres si droits et si élevés, ce silence, cette demi-obscurité, lui donnèrent un sentiment mêlé de respect et d'admiration comme celui qu'on éprouve dans une cathédrale. Elle osait à peine parler, et Antoine, qui regrettait son gai bavardage, se hâta de la mener dans un endroit plus riant.

Non loin de là, il y avait une petite vallée, ou plutôt un pli entre deux montagnes dans lequel un ruisseau tombait en gracieuses cascades. On trouvait là des fleurs de toutes les espèces, des myrtilles; des fraises et des framboises sauvages. Tita déclara que c'était un vrai jardin des fées. Elle se mit à faire une telle moisson de fleurs, que bientôt ses petites mains ne purent plus tenir son énorme bouquet.

Alors elle s'assit sur la mousse, non loin du ruisseau. Antoine vint la rejoindre et lui offrit galamment une grande feuille de bardane toute remplie de fraises et de framboises. Après les avoir mangées, ils s'étendirent tous deux paresseusement l'un à côté de l'autre. Au bout d'un instant, l'active petite bohémienne, qui fouillait d'une main dans la mousse, demanda à Antoine, en lui montrant deux petites boules noires et brillantes qu'elle s'amusait à faire sauter :

— Qu'est-ce que c'est que ces graines-là ? Est-ce que cela fait de belles fleurs ?

Antoine ne savait pas. Honteux de voir sa science en défaut, il examina longtemps un des petits objets sans le faire bouger, et tout à coup il vit la boule se déplier, une petite tête et de petites pattes sortir, et un cloporte beaucoup plus joli que ceux de nos jardins se mettre à courir sur sa main.

— Et moi qui ai jeté la mienne, croyant bien que c'était une graine! s'écria Tita. Oh ! la maligne petite bête ! Est-ce aussi le bon Dieu qui lui a appris cela?

— Sans doute; qui veux-tu que ce soit? il n'y a pas de

maîtres d'école parmi les cloportes. Regarde ce petit papillon qui ressemble absolument à une feuille morte, c'est aussi le bon Dieu qui a fait sa robe comme cela pour que ses ennemis, les oiseaux, ne le distinguent pas de loin et ne viennent pas le manger. J'ai aussi vu de petites chenilles qui ressemblaient tellement à des branches de la plante sur laquelle elles étaient, qu'il fallait que je les fasse bouger pour voir que c'étaient des animaux, et même elles se tenaient toutes roides comme si elles savaient qu'elles devaient essayer de ressembler le plus possible à des branches.

— Comme le bon Dieu a soin de ces petites bêtes! dit la fillette avec un soupir. Crois-tu qu'il a autant de soin de la petite Titania? Pourquoi lui a-t-il donné cette petite robe rouge qui a des trous et qu'on voit de si loin?

— Ce n'est pas le bon Dieu qui t'a donné cette robe, dit Antoine en riant. Il charge les parents de faire des habillements à leurs enfants.

— Moi, je n'ai pas de parents, et Roland ne sait pas coudre des robes.

— Écoute, je crois qu'il a chargé maman de t'en faire

une, car je l'ai vue travailler à quelque chose qui était bien trop petit pour elle et qui n'était pas non plus une culotte pour moi. Sais-tu aussi qu'on m'a dit souvent qu'il fallait que les enfants fussent bien sages pour que le bon Dieu prît soin d'eux.

— Alors, peut-être est-ce parce que je n'ai pas été assez sage, que j'ai une si vilaine robe. Mais je ne savais pas; à présent je vais tâcher d'être une très-bonne fille.

— Et moi, je vais m'efforcer de devenir vite très-sage et très-grand pour pouvoir prendre soin de toi.

Ces paroles lui firent penser à son protecteur habituel, le bon Turc, et il s'étonna de ne plus le trouver auprès de lui. Job aussi avait disparu. Les enfants regardèrent de tous les côtés, les appelèrent et enfin se levèrent pour les chercher.

En approchant de la lisière d'un bois taillis, ils remarquèrent un mouvement extraordinaire sous les broussailles. Déjà Tita s'effrayait, et voyait flotter devant ses yeux des visions de loups et de sangliers, lorsqu'ils aperçurent la grosse queue de Turc qui s'agitait entre les branches. Il poursuivait un animal, un petit lapin qui, tout en se faufilant dans les buissons, allait lui échapper, lorsque M. Job, qui se tenait à l'affût, fondit dessus et le saisit par le cou avec son grand bec. Turc accourut, l'enleva au corbeau et vint tout triomphant l'apporter à son jeune maître.

— Il est vivant! il est vivant! cria la petite fille fort agitée. Oh! Antoine, donne-le-moi, ôte-le à ce vilain chien, il va le tuer! il lui fait du mal.

Le vilain chien se le laissa très-docilement ôter de la bouche, et il avait pris le lapin si délicatement, qu'il ne lui avait fait aucun mal. Tita l'enveloppa dans son jupon et n'eut plus d'autre idée que de revenir à la maison pour l'installer dans une petite caisse et lui donner à manger. Le reste du jour fut employé à soigner et à admirer ce nouveau pensionnaire, qui ne tarda pas à s'habituer à sa captivité.

Dès le lendemain Tita fut déjà fort à son aise avec tout le monde. Ayant été habituée à être sans cesse au milieu d'étrangers, elle n'était pas timide et amusait les ouvriers par son babil. Elle était très-serviable et était enchantée quand elle pouvait se rendre utile. Elle faisait les commis-

JOB ET LE L PIN.

sions des uns et des autres avec beaucoup d'intelligence, aidait dame Catherine à faire la soupe, à tout mettre en ordre dans son ménage, et surtout se chargeait avec bonheur des soins de la basse-cour. Elle s'amusait beaucoup des mœurs des poules, des oies et des canards, et toujours elle avait quelque histoire extraordinaire à raconter à leur sujet. Elle se plaignait des gros canards mâles, qui se battaient toujours entre eux.

— Je t'assure, disait-elle à Antoine, qu'il y en a un qui est si jaloux, qu'il ne permet pas même à l'autre de regarder du côté de sa femme. Elle trouvait aussi que le petit coq rouge avait un bien mauvais caractère, qu'il voulait être le maître de tous les autres animaux et qu'il donnait des coups de bec à ses enfants les poulets. Cela ne l'empêcha pas de répandre bien des larmes le jour où elle le trouva noyé et où elle le rapporta à dame Catherine, tout mouillé et tout roide.

Je vais vous dire comment cette catastrophe était arrivée.

L'oie femelle couvait, et Tita s'intéressait vivement au

sort de cette couvée, car jamais elle n'avait vu de petits oisons naissants.

Les premiers jours de la ponte de l'oie, elle s'était indignée du peu de soin qu'elle prenait de ses œufs. Elle les pondait sur la terre dure sans rien dessous; mais bientôt elle vit un nid se former; chaque fois que l'oie venait pondre, elle apportait quelques branchettes, quelques feuilles mortes, pour mettre autour; bientôt cela ne suffit plus, et elle arracha le fin duvet de son ventre pour en couvrir ses chers œufs; puis elle se mit à les couver, c'est-à-dire qu'elle ne les quittait plus qu'une fois par jour pour aller manger. Elle mangeait beaucoup à la fois, et cela lui servait pour jusqu'au lendemain. En revenant sur ses œufs elle s'arrachait chaque fois un peu de duvet, de sorte qu'à la fin, lorsque les petits étaient déjà à moitié formés dans l'œuf et que le moindre froid les aurait fait mourir dans leur petite prison, il y avait assez de plumes pour que la mère pût les recouvrir lorsqu'elle allait manger. On aurait pu alors passer tout près du nid sans voir qu'il y avait des œufs, car outre le duvet l'oie mettait encore de l'herbe ou des branches mortes par-dessus. Et pourtant c'est à ce nid si bien soigné que M. le coq rouge s'attaqua.

Un jour que les parents étaient occupés à boire et à manger, il se mit à gratter au beau milieu, à déterrer les œufs et à frapper dessus avec son bec jusqu'à ce qu'il en eût cassé plusieurs.

Heureusement que l'oie mâle s'en aperçut; il accourut, prit notre brigand par le cou et le porta dans l'eau. Il le retint là jusqu'à ce qu'il fût noyé, malgré les cris de Tita, qui avait vu la scène de trop loin pour pouvoir y porter remède.

Catherine la consola en lui conseillant de choisir un joli petit coq parmi les poulets et de lui donner une meilleure éducation.

L'oie femelle s'était vite remise sur ses œufs et, malgré cet accident, eut plusieurs jolis petits, qu'elle soigna avec autant d'amour que d'intelligence.

Tout marchait donc à souhait pour la petite bohémienne; elle se sentait aussi heureuse que possible. Fritz et Catherine l'aimaient chaque jour davantage, et le petit Antoine en raffolait. Malheureusement, il n'en était pas de même pour Roland. Au commencement, il avait travaillé avec assez d'ardeur et il ne manquait ni d'adresse ni d'intelligence; mais, au bout de peu de temps, il s'ennuya de cet ouvrage monotone et fatigant, en fit le moins possible et avec négligence. Quelquefois il se disait malade et restait des heures entières couché à dormir en plein soleil. Le contre-maître le grondait, diminuait son salaire, rien n'y faisait. Il n'y avait que quand on lui parlait de sa sœur, qu'on le menaçait de les chasser tous les deux, qu'il secouait un peu sa paresse. Lorsqu'il s'agissait de s'amuser, c'était tout différent, on le voyait plein de gaieté et d'ardeur. Il y avait surtout de certaines parties de boules que les ouvriers faisaient le dimanche, pour lesquelles il se passionnait. Job l'avait pris en grippe et lui jouait tous les mauvais tours qu'il pouvait. Jamais il ne se laissait toucher ni caresser par lui.

Lorsqu'il le trouvait endormi par terre, il lui tirait adroitement son mouchoir ou sa blague à tabac de sa poche, et allait les percher dans des arbres, ou bien lui donnait

L'OIE ET LE COQ.

deux ou trois coups de bec sur ses pieds nus et s'envolait.

Un jour que Roland jouait aux boules, il avait presque gagné la partie, il allait lancer sa dernière boule et visait bien, le corps en avant, une jambe en arrière; Job, qui paraissait s'intéresser vivement à ce que l'on faisait, choisit ce moment pour lui donner deux bons coups de bec dans le mollet. La boule échappe des mains de Roland et va rouler au hasard dans une mauvaise direction. Alors furieux il en saisit une autre, et la lance contre Job. Tita, qui se trouvait là tout près, voit le mouvement et se précipite pour l'en empêcher. La pauvre petite reçoit la boule dans la poitrine et tombe par terre sans connaissance. Tout le monde l'entoure, et son frère, croyant qu'il l'a tuée, se livre à un accès de désespoir effrayant à voir. Antoine pleurait aussi toutes les larmes de *son cœur*.

Le mal n'était pourtant pas très-grand; Catherine la fit revenir à elle à force de soins, l'emmena et lui arrangea un lit dans une pièce à côté de celle où elle couchait elle-même. Lorsque la petite fut guérie, elle continua à habiter cette chambre.

Roland ne resta pas non plus dans la cabane au foin; on lui permit de s'installer de son mieux dans le grenier de la maison du contre-maître.

Nous avons dit que la scierie appartenait à un comte qui demeurait à quelques lieues de là. Il était censé la diriger lui-même, mais laissait toute la besogne à Fritz. Il venait seulement le samedi voir ce qu'on avait fait et payer les ouvriers. La première fois qu'il vit Roland et Titania, il demanda qui étaient ces nouveaux venus.

— Je crois bien, dit le contre-maître, que ce sont des bohémiens; car ni l'un ni l'autre n'avaient la moindre notion de religion. Ils ont quitté leurs compagnons parce qu'ils maltraitaient la petite, et par pitié pour elle, j'ai consenti à donner de l'ouvrage au garçon.

— Vous avez eu tort, dit le comte. On ne peut jamais rien faire de bon de ces bohémiens. Celui-ci vous jouera quelque mauvais tour. D'ailleurs, comment pouvez-vous avoir confiance en quelqu'un qui n'est pas chrétien? Qui est-ce qui le retiendra quand il aura envie de mal faire?

— C'est vrai, dit Fritz; mais peut-être pourrions-nous les

rendre chrétiens, la petite au moins. Nous nous occupons d'elle, ma femme et moi, et je vous assure que c'est une honnête nature et qu'elle est aussi douce qu'intelligente.

— En tout cas, reprit le comte, elle est fort jolie et d'une beauté très-originale. C'est égal, à votre place, je ne me fierais pas plus à elle qu'à son frère.

Comme le comte n'avait pas absolument donné l'ordre de renvoyer Roland, Fritz crut pouvoir le garder. Ils auraient tous eu trop de chagrin s'ils avaient dû se séparer de Tita.

Une semaine, il arriva que M. le comte vint le vendredi au lieu du samedi. Il dit à Fritz qu'il lui apportait l'argent pour payer les ouvriers, parce qu'il ne pouvait pas venir le lendemain, et il lui remit la somme en belles pièces de cinq francs toutes neuves. Fritz les serra dans un meuble qui se trouvait dans la chambre où couchait Tita. Il ne ferma pas le tiroir à clef.

Il n'y avait pas de voleurs dans la vallée, et on n'était pas méfiant. En sortant, le comte vit Roland qui descendait de son grenier.

— Comment! vous avez encore ce bohémien! dit-il. Je vous le répète, méfiez-vous de lui.

Roland l'entendit et fut très-irrité de ces paroles.

Il trouva Tita dans la cour et lui dit :

— Je m'ennuie trop ici, je veux aller faire un voyage de quelques jours. Sois tranquille, je reviendrai, ajouta-t-il, en voyant les yeux de sa sœur se remplir de larmes. Aie soin de laisser la porte de ta chambre ouverte, afin que je puisse entrer t'embrasser demain matin avant de partir, et ne dis rien à personne de mon projet.

Il fallait passer par la chambre où couchait Tita pour entrer dans celle de Fritz. Celui-ci en rentrant poussa un verrou intérieur; mais l'enfant, se rappelant la recommandation de son frère, se releva peu après pour le tirer.

Elle s'endormit tard, parce qu'elle pensa avec chagrin que son frère allait la quitter, et elle avait peur que ce ne fût pour plus longtemps qu'il ne lui avait dit. Lorsque enfin le sommeil la saisit, elle dormit lourdement et sans qu'elle pût distinguer si elle rêvait ou non : il lui sembla entendre des pas, des mots, comme des gens qui se disaient des injures, puis un bruit d'argent qu'on remue. Lorsqu'elle s'éveilla, il faisait grand jour, sa porte était ouverte, et le tiroir du meuble où était l'argent l'était aussi. Fritz remuait dans la pièce à côté et presque aussitôt il entra. Il devint pâle comme un mort lorsqu'il eut jeté les yeux dans le tiroir.

— Tita! s'écria-t-il, en la secouant rudement. Qu'est-ce que c'est que cela? Qui a ouvert la porte? Qui a pris l'argent?

— L'argent! dit la petite tout étourdie, quel argent? je ne savais pas qu'il y eût de l'argent!

— L'argent que M. le comte a apporté, que je devais payer aux ouvriers. Je suis perdu, déshonoré, si je ne le retrouve pas. Qui a ouvert cette porte? dis vite. J'ai fermé le verrou hier, j'en suis bien sûr.

L'enfant, épouvantée, sanglotait tellement, qu'elle ne pouvait répondre.

Catherine et Antoine étaient accourus au bruit.

— Oh! papa! que fais-tu à ma chère petite femme? s'écria le garçon.

— Ta chère petite femme est une misérable. Elle a aidé à me voler. Elle a introduit ici des gens, son frère sans doute, qui ont pris l'argent avec lequel je devais payer les ouvriers. M. le comte avait bien dit que je devais me méfier de ces bohémiens. Jamais il ne me pardonnera ma négligence.

Je cours faire arrêter ce Roland; tâchez de faire parler la petite.

Antoine ne pouvait croire sa Tita coupable; il la caressa, la calma, et finit par lui faire raconter ce qu'elle savait. Ce n'était pas grand'chose, mais la recommandation de Roland de laisser la porte ouverte prouvait assez qu'il avait eu l'intention de voler l'argent. Fritz s'assura bientôt que ce garçon avait quitté la vallée et il se rendit de suite à la ville pour y faire sa déposition à la justice et avertir le comte. Lorsqu'il revint, il était désolé. Le comte s'était mis fort en colère et lui avait dit que, puisqu'il ne pouvait avoir confiance en lui, il allait établir un directeur à la scierie et qu'il ne serait plus que simple ouvrier.

— Vous comprenez, ajouta Fritz, que je ne supporterai

pas cette humiliation, et ce que nous avons de mieux à faire, c'est de nous préparer à quitter la vallée.

— Quitter notre chère vallée où nous étions si heureux! dit Catherine, avec l'accent du plus profond chagrin.

— Et la pauvre Tita, dit Antoine, que deviendra-t-elle?

— Elle ira en prison comme son frère, répondit brusquement le contre-maître.

— La pauvre enfant n'est pas coupable, dit la bonne Catherine. Elle n'a été qu'imprudente et elle est si jeune, qu'on peut lui pardonner de ne pas s'être méfiée de son grand frère.

— Et pourtant c'est moi qui suis cause de votre chagrin, dit la petite désespérée. Ah! pourquoi ai-je ouvert la porte? Roland! Roland! Comment as-tu pu prendre cet argent? Mais non, je ne puis le croire, ce n'est pas lui.

Le lendemain grand émoi dans la vallée : deux gendarmes à cheval en grand costume vinrent amener le pauvre Roland, qui avait été arrêté à peu de distance. On voulait le confronter avec Fritz, afin de voir s'il le reconnaîtrait pour son voleur. On n'avait pas trouvé d'argent sur lui et il jurait et protestait qu'il ne l'avait pas pris. Il avait gardé un maintien assez assuré jusqu'au moment où sa petite sœur, les yeux rougis par les larmes, vint raconter comment il lui avait dit de laisser sa porte ouverte; qu'elle s'était levée pour ôter le verrou, et que le matin à son réveil la porte était entr'ouverte, le tiroir aussi, et l'argent parti.

— Cela n'est pas possible, dit-il; l'argent y était, je ne n'ai pas touché. Eh bien, j'aime mieux tout dire, et on fera de moi ce qu'on voudra. Je n'ai pas pris l'argent, c'est vrai; mais j'en ai eu l'intention. Lorsque Fritz l'a mis dans ce tiroir, je montais dans ma chambre, la porte était ouverte, et je l'ai vu. C'est avec l'intention d'aller le prendre que j'ai dit à Tita de laisser sa porte ouverte. J'étais fatigué et ennuyé de l'ouvrage que je faisais ici; puis irrité de quelques mots que j'avais entendu le comte dire sur moi, je voulais m'en aller et prendre son argent pour me venger de lui.

— Mais, malheureux, lui dit Fritz, tu ne pensais donc pas à ta sœur?

— Oh! si, j'y pensais. Plusieurs fois vous m'aviez menacé de me chasser, et si cela était arrivé, il aurait fallu l'emmener avec moi, tandis que si je me sauvais, vous l'aimiez, vous l'auriez gardée, et elle est bien mieux ici qu'avec un vagabond comme moi.

A ces mots, la petite vint se jeter dans ses bras en lui disant :

— Méchant frère, pourquoi voulais-tu me quitter?

Roland tout ému eut un peu de peine à reprendre le fil de son histoire ; enfin il raconta que vers minuit il était entré dans la chambre de sa sœur pour prendre l'argent, mais il n'était qu'à moitié décidé, il se faisait des reproches; il ouvrit le tiroir, considéra les pièces d'argent, qui brillaient au clair de la lune, puis au moment où il allait les toucher, il fut épouvanté par une voix rauque et étrange qui lui criait : Coquin, brigand, voleur! Il s'enfuit laissant la porte ouverte, et courut jusqu'à ce que le souffle lui manquât. Il n'avait pas pris une seule pièce d'argent, il n'avait sur lui que quelques sous, reste de sa semaine.

— C'est Job, dit Antoine en regardant Tita; il couche souvent sur l'armoire. C'est lui qui a crié brigand, voleur, et probablement lui qui aura pris les pièces d'argent après le départ de Roland.

— Oui, dit Tita, il était sur l'armoire le soir, et il me semble bien que tout en dormant je l'ai entendu parler. Le matin, je ne l'ai plus vu.

Fritz et Catherine étaient assez disposés à penser, comme les enfants, que le corbeau était l'auteur du vol; mais comment faire croire une semblable histoire à des étrangers, à des juges? Il était bien probable que le pauvre Roland serait condamné comme voleur, car s'il n'avait pas d'argent sur lui au moment où on l'avait pris, il pouvait l'avoir donné à quelque complice.

En attendant d'être jugé, il fut reconduit à la prison de la ville.

Depuis ce jour, Antoine et Tita n'eurent plus d'autre idée que de retrouver l'argent. Ils fouillèrent patiemment tous les endroits où ils pensaient que Job pouvait l'avoir mis. Antoine grimpait dans les arbres qui lui paraissaient avoir des creux; mais tout cela inutilement. On essaya aussi de donner une autre pièce d'argent à Job dans l'espoir qu'il irait la mettre avec les premières. On faillit perdre celle-là sa s en être plus avancé.

Les pauvres enfants se désespéraient. Un soir qu'ils étaient assis sur un banc auprès de la maison, Antoine répétait pour la dixième fois :

— Hélas! faudra-t-il donc quitter notre jolie vallée où nous étions si heureux? Si au moins j'étais sûr que tu resterais avec nous!

— Je pense bien, dit Tita tristement, que ton père ne le voudrait pas. Pense donc, la sœur d'un voleur!

— Oh! Roland n'a pas pris l'argent! j'en suis sûr.

— Mais si c'est Job, où donc a-t-il pu le mettre? Il y en avait beaucoup, et nous avons cherché à tant d'endroits!

Antoine ne répondit pas; puis tout à coup s'écria :

— Que fait donc Turc là-bas dans la cour? regarde, il gratte, il gratte, et il me semble qu'il trouve quelque chose de brillant.

Les enfants s'approchèrent.

Oh bonheur! c'étaient les pièces d'argent tant cherchées; elles étaient tout simplement dans un coin de la cour près du fumier, recouvertes d'un peu de terre, de feuilles mortes et de copeaux. Le chien les déterrait avec ardeur. Il semblait qu'il eût compris que c'était cela que l'on cherchait. Job accourut aussitôt et parut furieux de voir sa cachette découverte. Aussitôt il se saisit d'une pièce et l'emporta pour aller la cacher ailleurs.

Antoine appela son père et les ouvriers, afin de les rendre témoins de cette scène. Toutes les pièces furent retrouvées, sauf celle que Job venait de prendre. Cette nouvelle arriva à la ville la veille du jour où Roland devait être jugé, et le fit acquitter. Le comte, voyant que dans tout cela Fritz n'avait été coupable que d'un peu d'imprudence, en n'enfermant pas son argent, lui rendit sa confiance, et ne parla plus de prendre un directeur; de sorte que tout le monde fut au comble de la joie.

Le jeune bohémien revint à la scierie, mais ce fut pour supplier Fritz et Catherine de vouloir bien se charger de sa sœur.

— On me propose d'aller en Amérique, leur dit-il. On me payera le voyage et on m'assure de l'ouvrage à mon arrivée. Si vous gardiez ma sœur, j'accepterais, car je ne puis l'emmener.

TURC DÉTERRE L'ARGENT.

Les braves gens approuvèrent beaucoup cette idée. Ils lui promirent de traiter la petite comme si elle était leur fille, et montèrent même la garde-robe de Roland, avant son départ, afin qu'il n'arrivât pas en Amérique absolument dénué de tout.

Quinze ans plus tard, toute la vallée était en fête : on y célébrait les noces de la gentille Tita avec Antoine, qui avait alors remplacé son père à la tête de la scierie.

Roland était revenu d'Amérique pour cette circonstance. Ses affaires y avaient prospéré; il était mis comme un beau monsieur et apportait une jolie dot à sa chère petite sœur.

Turc était mort depuis longtemps, mais Job regardait passer le cortége du haut d'un mur, et lorsqu'il vit les mariés, il s'écria :

Les gueux, les gueux sont des gens heureux,
Ils s'aiment entre eux, vive les gueux !

Il ne paraissait pas avoir le moindre remords de tous les tourments qu'il avait causés à ses maîtres. Peut-être pensait-il au contraire qu'ils lui devaient de la reconnaissance; et en effet, si sa voix n'eût pas retenu le frère chéri de Titania au moment où il allait commettre sa première mauvaise action, on ne peut savoir de combien d'autres cette mauvaise action eût été suivie et quelle eût été la fin de ce malheureux garçon. Grâce à Job, l'impression du danger qu'il avait couru l'avait rempli d'une crainte salutaire; il avait ensuite appris à connaître et à servir Dieu; et maintenant Antoine pouvait être fier de l'avoir pour beau-frère.

LE BLAIREAU ET SES AMIS

Un jeune blaireau, trouvant la maison de sa mère trop étroite, se décida à la quitter et à se creuser un terrier pour lui tout seul. Il se mit en quête d'une bonne place, bien solitaire et bien tranquille.

Après avoir déjà beaucoup marché, il arriva sur les bords d'un étang couvert de canards sauvages; il allait s'approcher pour se désaltérer lorsqu'un spectacle singulier le cloua immobile à sa place. Une botte de roseaux et d'herbes marines voguait doucement sur les flots et s'approchait d'un groupe de canards qui jouaient et bavardaient entre eux. Derrière ces roseaux, et les poussant de sa tête, le blaireau distinguait vaguement un animal aux oreilles pointues; mais les pauvres canards, étant de l'autre côté, ne pouvaient pas le voir. Lorsque les roseaux furent tout près d'eux, l'animal, qui était un renard, s'élança sur le plus beau mâle, l'étrangla, le traîna sur la rive et commença à le dévorer. Le blaireau, saisi d'admiration pour ce rusé personnage, s'approcha timidement de lui et se mit à lui faire des compliments sur le moyen ingénieux qu'il avait trouvé pour s'emparer de sa proie.

— C'est bien simple, dit le renard; dès que ces coquins-là me voyaient, ils s'envolaient, et, comme je ne sais pas voler, je ne pouvais les suivre. Il fallait donc pouvoir m'approcher d'eux sans qu'ils me vissent, le paquet d'herbe m'a servi à cela. Et vous, jeune homme, qu'êtes-vous venu faire ici? Chassez-vous aussi le canard?

— Non, je n'ai pas de si hautes prétentions. Je mange le plus souvent des baies ou des racines, quelquefois cependant des vers de terre, des limaces et même des souris, lorsque je peux en prendre.

— Ah! je suis fâché que vous n'aimiez pas le canard, car j'allais vous offrir cette tête.

Maître blaireau l'eût mangée volontiers; mais il n'osa

LE RENARD ET LES CANARDS.

pas le dire; il se contenta de raconter qu'il était à la recherche d'un bon endroit pour y creuser son terrier.

— J'ai votre affaire, dit le renard, en faisant craquer les os du volatile sous ses dents aiguës; tout près de ma demeure, il y a un terrier qui a été creusé autrefois par un de mes cousins. Il est arrivé malheur à ce pauvre diable, qui a été pris par les chiens, et depuis son logis est abandonné. L'endroit est charmant, c'est dans un fourré situé dans la partie la plus déserte du bois. Du reste, si vous voulez en juger, suivez-moi, je vais cacher cette aile dans mon terrier pour la retrouver demain.

Le blaireau, un peu paresseux de sa nature, fut ravi de l'idée qu'il trouverait presque toute la besogne faite. Il suivit son nouvel ami, trouva tout charmant, et l'endroit et le trou du cousin, et promit de revenir le lendemain pour nettoyer sa maison et s'y installer.

Il retourna coucher chez sa mère, lui raconta toutes ses aventures, fit le plus grand éloge du renard, et ne tarit pas sur son amabilité, sa complaisance et son esprit.

La bonne vieille mère branlait la tête en l'écoutant d'un air assez peu satisfait.

— On m'a toujours assuré, dit-elle, qu'il fallait se méfier de messieurs les renards; ce sont des gens trop spirituels pour nous, ils finissent toujours par nous duper, et ces ruses que tu trouves si admirables quand elles sont dirigées contre de pauvres canards, ne te paraîtront pas si amusantes quand tu en seras la victime.

— Mais, mère, que veux-tu qu'il me fasse? je suis plus gros et plus fort que lui, il ne peut pas me manger.

— Non, mais il peut te causer quelque autre désagrément. Qui sait, par exemple, si une fois que tu auras bien arrangé, bien nettoyé ta demeure, il ne cherchera pas à s'en emparer. J'ai ouï dire que pareille chose est arrivée à une de nos parentes. Tu sais combien nous tenons tous à la propreté et que, dès que vous pouvez marcher, nous vous faisons sortir pour manger, afin qu'aucun débris ne salisse notre demeure. La cousine dont je te parle était plus minutieuse encore qu'aucun de nous, et son terrier était un vrai boudoir; aussi fit-il envie à un renard de ses voisins, qui lui proposa de le lui céder. La dame n'entendit pas de cette oreille-là. Il eut beau lui offrir une vieille carcasse de poulet, un jeune rat mulot, et même la moitié d'un lapereau : elle refusa tout. Aussi jura-t-il d'avoir par la ruse ce qu'il ne pouvait obtenir par la persuasion. Le lendemain, lorsque la cousine, après avoir été aux provisions, voulut rentrer dans sa maison, elle recula d'horreur ! Une odeur infecte sortait de son terrier, et des gouttes jaunes et visqueuses qui suintaient des parois disaient assez de quel odieux moyen l'ennemi s'était servi pour parfumer le terrier. Aussitôt la pauvre ménagère se met à gratter, à frotter, à repousser au loin la terre salie. Une grande partie de la nuit se passe dans ce travail, et ce n'est que poussée par la faim qu'elle se décide le lendemain à s'éloigner pour chercher pâture. A son retour elle pousse un cri de désolation : même calamité, même arrosement, et pis encore ; car, lorsque le couloir fut nettoyé, elle trouva dans son lit même des preuves solides de l'inimitié du renard. Cela continua ainsi quinze jours de suite : chaque fois que la faim ou la soif forçait la pauvre bête à s'éloigner, le renard, toujours à l'affût, quoique invisible, venait en tapinois souiller cette demeure naguère si proprette. A la fin, mon infortunée parente, à bout de force et de patience, abandonna la partie et alla au loin se creuser une autre maison.

— Quelle drôle d'idée! s'écria le jeune blaireau en riant aux éclats. Certainement ce renard était plein d'esprit. Je ne suppose pas que mon nouvel ami ait envie de me jouer un tour pareil, puisque c'est lui qui m'offre le terrier. D'ailleurs, quand il le ferait, j'en serais quitte pour lui prendre sa maison à la place de la mienne.

Cela dit, notre entêté se couche en rond, son nez pointu sur sa grosse queue, et s'endort paisiblement.

Le lendemain, il alla s'installer près du renard, et se mit aussitôt à l'œuvre pour agrandir le terrier et le rendre plus commode. Le bon Dieu lui avait donné des outils excellents, de fortes pattes armées d'ongles longs et aigus pour creuser la terre, et de solides mâchoires pour pouvoir couper avec ses dents les racines d'arbre qui se trouvaient sur son passage. Il commença par faire un long couloir, ayant soin de le faire plusieurs fois tourner brusquement, afin de se ménager des refuges où il pourrait se poster et se défendre, si des chiens le poursuivaient jusque-là. Ensuite il fit sa chambre à coucher, où il se prépara un lit bien mollet et à côté une autre pièce, où il mit ses provisions, qui consistaient en petites bottes d'herbe artistement arrangées, en oignons de jacinthes et en autres racines. Lorsque l'hiver viendrait, il comptait fermer avec de la terre mouillée l'ouverture de sa demeure et y dormir presque constamment jusqu'au printemps.

Dans l'intervalle de ses travaux, il parcourait les bois avec le renard et souvent il l'aidait à jouer de mauvais tours aux hommes ou aux autres animaux.

Pendant que son ami faisait main basse sur les poules des fermiers, lui faisait le guet, et au moindre indice de danger il poussait un petit grognement qui avertissait le maraudeur. Lorsque la chasse était très-fructueuse, maître renard daignait laisser quelques bribes à son complice, mais c'était fort rare.

Une nuit, il le conduisit au milieu d'un rucher et lui dit :

— Tu as une si épaisse fourrure, que les abeilles ne pourront pas te piquer; ainsi, renverse une de ces ruches, et nous nous régalerons du miel qui est dedans.

Blaireau ne se fit pas prier, car il n'aimait rien tant qu'un beau rayon de miel. Il pousse, il gratte, secoue et finit par faire tomber la ruche. Les abeilles en fureur se précipitent sur lui, ses poils longs et épais protégent bien son corps, mais ses pattes et son museau sont moins bien défendus, et plus d'un aiguillon se fait cruellement sentir.

Pour préserver ses parties délicates, il se roule en boule, et reste ainsi jusqu'à ce que les abeilles se soient lassées de l'attaquer. Lorsqu'il reprit sa forme accoutumée, il vit que son bon ami avait dérobé tout le miel que contenait la ruche.

Il lui dit en se léchant philosophiquement les babines:

— Tu n'avais pas bien choisi, mon cher, elle était peu remplie, renverses-en une autre, si tu désires en goûter; quant à moi, je suis rassasié de douceurs, et je vais dormir; et en effet il s'éloigna en trottinant.

S'en retourner le ventre creux n'était pas du goût de notre blaireau, et cependant le jour commençait à paraître, et il n'eût pas été sage de se laisser surprendre dans ce rucher.

Qui l'emportera, la prudence ou la gourmandise?

Ce fut cette dernière; il se mit à l'œuvre, et une seconde ruche tomba. Celle-ci était pleine à souhait; mais quelle légion de mouches! et quel bruit elles faisaient en bourdonnant!

Grâce à ce bruit et à la peine qu'il se donnait pour se débarrasser d'elles, notre pauvre blaireau n'entendit pas que quelqu'un s'approchait de lui, et tout à coup il se vit plongé dans une obscurité profonde et enfermé dans une étroite prison dont les parois gluantes l'enserraient de toutes parts.

— Jean! Pierre! Matthieu! cria une voix de femme, venez vite, je tiens l'horrible bête qui me tue toutes mes poules et tous mes lapins. Elle était si occupée à manger mon miel, qu'elle ne m'a pas vue venir, et je lui ai mis la grande ruche vide par-dessus. Venez vite, venez vite! C'est tout ce que je puis faire que de la maintenir. Elle est plus forte que moi et soulève le panier.

Le fermier et son garçon arrivèrent à ces cris en demandant :

— Qu'est-ce que c'est que cette bête? un renard sans doute!

— Non, dit la fermière, c'est plus gros qu'un renard et cela a des poils plus longs et grisâtres. C'est comme un petit ours.

— Un blaireau alors. On voulait nous faire croire qu'ils ne mangeaient pas les poules et les lapins, et cependant celui-ci nous en a assez pris.

La pauvre bête aurait bien voulu dire qu'on mettait sur son dos les méfaits de son bon ami, mais on ne l'aurait pas cru. Elle se contentait donc de faire des efforts désespérés pour soulever sa prison.

— Comment faire pour le tuer? demandait le fermier. Si nous levons le panier, il va s'enfuir, et si nous essayons de le saisir par-dessous, il nous mordra et il a de fameuses dents.

— Attendez, dit Pierre, je vais chercher mon fusil; vous le laisserez partir, et je tirerai dessus.

— Oui, reprit sa mère, et tu le manqueras. Tu es si adroit! Si même tu ne tues pas un de nous à sa place. Non, non, prenez plutôt chacun un gros bâton et assommez-le au moment où je le lâcherai.

Le fermier alla chercher deux manches de bêche, en donna un à son fils, qui pendant ce temps-là aidait sa mère à maintenir la ruche, et tous deux se mirent en position pour frapper dès qu'elle leur en donnerait le signal. Elle compte : un! deux! trois! puis renverse le panier. Notre blaireau hésite un instant, voit les bâtons, prend son parti et, se tournant vers le seul personnage désarmé, se précipite dans les jupes de la femme, et lui grimpe dans les jambes en les labourant de ses griffes.

Elle pousse des cris perçants, veut se sauver, trébuche, et tombe tout de son long. Les hommes s'empressent de la relever, et, profitant de ce moment de confusion, l'animal s'enfuit à toutes jambes.

Il arriva sans encombre à son terrier et fit de graves reproches au renard, dont il aperçut le fin museau passant sous un buisson. Celui-ci s'excusa de son mieux, et cela ne les empêcha pas de continuer, les jours suivants, leurs opérations en commun.

Cependant le blaireau commençait à s'apercevoir qu'il jouait presque toujours le rôle de Raton dans la fable du singe et du chat, qu'il tirait les marrons du feu et que maître renard les mangeait. A lui blaireau, les dangers et la peine; au renard le profit et les bons régals.

Un jour donc il s'était rendu seul à la chasse. Il mangeait le long d'un ruisseau des limaces, du cresson et même quelques petits serpents, lorsque le renard arriva en courant; il avait l'air fort agité, et sans rien dire à son ami il le suivit, puis, se jetant brusquement dans le ruisseau, il le longea un instant et se sauva à toutes jambes de l'autre côté.

Le pauvre blaireau ne tarda pas à comprendre le but de toutes ces manœuvres et la noire perfidie de son ami, car presque aussitôt il se vit entouré par plusieurs chiens qui poursuivaient le renard.

Ils avaient suivi la piste de celui-ci jusqu'au moment où elle s'était mêlée avec celle du blaireau. L'un le saisit par

une oreille, l'autre par l'autre, un troisième était sur son dos, et il allait être dévoré lorsque le chasseur arriva.

C'était un tout jeune homme, encore assez humain pour un chasseur. Il eut pitié de l'animal et jeta sur lui un sac qu'il avait pris pour porter son gibier. Il écarta les chiens à grand'peine, mit la pauvre bête plus morte que vive dans ce sac et l'apporta vivante à un de ses amis.

Quand le blaireau revint un peu à lui, il se trouva dans une espèce de cellier, couché sur de la paille. On lui avait donné à boire et à manger, mais il souffrait tellement des blessures que les chiens lui avaient faites, qu'il n'avait pas le courage de se remuer. D'abord il se crut seul dans cet endroit, mais bientôt il découvrit un bizarre petit être caché dans un coin et qui le regardait avec des yeux brillants.

C'était un petit singe arrivé depuis peu d'un pays chaud. Une longue chaîne attachée à sa ceinture le retenait à la muraille. Il grelottait et avait un air très-malheureux. Peu à peu il s'approcha du blaireau et toucha timidement du bout de son doigt l'épaisse fourrure de celui-ci; il avait l'air de lui envier un si bon habit. Une mouche ayant voulu se poser sur une des plaies de la pauvre bête, le singe l'attrapa adroitement et la mangea. D'autres insectes plus petits et non moins incommodes eurent le même sort. Alors, se fiant à ces services rendus, le singe se hasarda à se coucher sur le dos du blaireau, et depuis ce moment ils furent les meilleurs amis du monde.

Peu après un jeune garçon entra dans le cellier et s'approcha avec intérêt de son nouveau pensionnaire. Celui-ci aussitôt se roula en boule. On ne voyait plus ni tête, ni pattes, ni queue, mais seulement une grosse balle poilue.

— Il n'est pas très-aimable, dit le garçon, mais il s'apprivoisera, et d'ailleurs il souffre probablement de ses blessures.

— Et toi, mon petit Knips, dit-il au singe, qu'est-ce que tu dis de ce gros compagnon-là? Tu en as peur sans doute? Viens que je te fasse faire une petite promenade au soleil; et, détachant la chaîne, il prit la petite bête dans ses bras et sortit avec elle.

Les blessures du blaireau se guérirent assez vite, mais

il continua à bouder son jeune maître, et lorsqu'il le voyait s'approcher de lui, il se roulait en boule ou lui montrait les dents d'un air menaçant. Il n'en était pas de même pour Knips, il lui laissait faire tout ce qu'il voulait : monter sur son dos, y faire de la gymnastique, mordiller sa queue, ses oreilles, chercher entre ses poils toute espèce de choses, et surtout dormir la nuit sur lui absolument comme s'il était un coussin.

Il y avait pourtant un sujet de querelle entre eux.

Nous avons dit que les blaireaux sont extraordinairement propres dans leurs habitudes. Le nôtre avait adopté un coin du cellier pour y déposer ses ordures, et ne les aurait jamais mises ailleurs, tandis que M. Knips, au contraire, était fort sale. Sa couverture était sans cesse mouillée et puante, ce qui ne l'empêchait pas de se draper dedans quand il avait froid.

Un jour même il ne respecta pas la fourrure de son ami, et celui-ci, furieux, lui allongea un coup de dent. Il ne l'attrapa pas, et le singe parut si pénitent, il se donna tant de peine pour le débarrasser de sa vermine, qu'il lui pardonna.

Un jour le singe dit à son ami :

— Est-ce que tu as toujours aussi envie de retourner dans tes bois et dans ta maison souterraine ?

— Plus que jamais, lui répondit-il. Je ne puis m'habituer à cette vie, à être toujours enfermé.

— Pourquoi, reprit l'autre, n'es-tu pas plus aimable avec notre maître ? Il t'emmènerait promener dans le jardin comme moi, et te donnerait de bonnes choses. Maintenant qu'il ne fait plus froid, et que je n'ai plus peur, je ne suis plus du tout malheureux. Je trouve même assez commode de n'avoir pas à se donner de la peine pour chercher sa nourriture, et d'avoir quelqu'un qui vous donne tout ce que vous avez besoin.

— Oh ! moi, dit le blaireau en soupirant, j'aime bien mieux ma liberté, quand même il me faudrait jeûner quelquefois et travailler toujours.

— Eh bien, si tu tiens tant à t'en aller, je crois que je pourrai t'ouvrir la porte. Je serai bien fâché de ne plus t'avoir avec moi, mais tu as été bon pour moi, et je veux te faire plaisir. J'ai bien regardé comment le maître l'ouvrait, et je vais tâcher de faire comme lui.

La porte était tout simplement fermée par un loquet, sur lequel on appuyait; mais Knips était bien trop petit pour y atteindre. Il inventa de sauter sur le loquet. Son poids le faisait baisser, mais la porte ne bougeait pas.

— Mets-toi en bas, dit-il au blaireau, et gratte là avec tes ongles.

Ils firent bien des essais infructueux. Enfin la porte avança un peu, le blaireau passa son nez dans la fente et d'un coup l'ouvrit toute grande. Il bondit dehors, mais revenant aussitôt :

— Et toi, ne viens-tu pas avec moi? demanda-t-il au singe.

— Tu oublies ma chaîne. D'ailleurs, la vie que tu vas mener ne me tente pas, il doit faire triste et froid dans ton terrier. Moi, il me faut de la gaieté, de la chaleur. Adieu donc, mon bon vieux; et il se jeta sur son dos, se roula une dernière fois dans sa chaude fourrure et lui mordit l'oreille comme dernier adieu.

Après l'avoir quitté, le fugitif vit qu'il n'était pas encore hors d'affaire, car il était dans un grand jardin tout enclos de murs. Il en fit le tour, ne trouva aucune issue, et, sans perdre de temps, se mit à creuser un chemin couvert, qui passait sous les fondations du mur et débouchait en dehors.

La nature l'avait si bien doué pour faire ce travail, que cela ne fut pas long, et cette fois il se trouva en rase campagne, et cela au moment le plus favorable, en pleine nuit.

Il s'oriente un peu, le nez au vent, et vite il court du côté de son bois. Il y arrive sans nouvelles aventures; mais, hélas! quand il se trouve à l'endroit ou était sa demeure et celle du renard, il ne voit plus que deux grands trous béants. Les terriers avaient été découverts par des chasseurs; ceux-ci étaient venus avec des outils et avaient pioché, bêché, jusqu'à ce qu'ils eussent déterré le perfide renard, qui fut mis en pièces par les chiens. Ils avaient espéré en trouver un autre dans le second terrier, mais ils avaient été désappointés.

Notre blaireau, rendu sage par l'expérience, recommença un autre terrier dans le voisinage de celui de sa mère, et depuis, lorsqu'il voulut choisir de nouveaux amis, il ne s'informa pas s'ils étaient spirituels et habiles, mais bien s'ils étaient bons et honnêtes.

JENNY ET MINNIE

— Regarde un peu cette tasse, négligente fille, disait un jour mademoiselle Rébecca à sa petite servante Jenny : Elle est aussi sale qu'auparavant; recommence à la laver, et frotte ferme quand tu l'essuieras.

Hélas! la pauvre Jenny frotte si ferme, que la tasse lui échappe et va se briser sur le plancher.

Rébecca saute sur l'enfant, et, tout en l'accablant de reproches, elle lui donne deux vigoureux soufflets, et la pousse par les épaules hors de la maison.

— Crois-tu que je vais te garder chez moi pour briser toute ma vaisselle, petite misérable? lui dit-elle. Je serais bientôt ruinée si je conservais une pareille servante.

Et, tout en grommelant ainsi, elle referma la porte et mit les verrous.

La pauvre enfant, si brutalement congédiée, resta un instant tout étourdie des coups qu'elle avait reçus; puis elle s'assit sur le pas de la porte et se mit à pleurer.

Pauvre petite! la vie n'est pas couleur de roses pour elle! Orpheline, sans parents, sans amis, élevée par charité dans un hospice, elle a été placée à l'âge de onze ans chez la plus méchante femme de toute la ville.

Cette Rébecca était une vieille fille qui tenait le ménage de son père infirme. Chez elle, le goût de l'ordre et de la propreté était poussé si loin, qu'il en était devenu une manie. La vue d'un grain de poussière, ou d'un objet qui n'était pas à sa place, lui donnait des attaques de nerfs; avec cela, très-égoïste et très-colère, elle faisait le malheur de tous ceux qui l'entouraient. On peut facilement se figurer quelle vie une petite fille maladroite et inexpérimentée menait auprès d'une semblable maîtresse. Et cependant, pendant que la malheureuse Jenny était là à pleurer sur sa marche, elle regrettait cette vie, qui au moins lui assurait la nourriture et le logement.

Qu'allait-elle devenir maintenant? La nuit commençait

à tomber, la rue était déserte, et elle ne connaissait personne à qui elle pût aller demander un asile.

— Si j'osais aller sonner à la porte de la maison aux roses! se disait-elle. Peut-être que la bonne dame ou sa servante me permettrait de me coucher dans un coin du jardin. J'y serais toujours mieux que dans la rue.

Alors elle se leva, et marcha vers le faubourg de la ville.

Bientôt elle arriva devant une grille en fer au travers de laquelle on apercevait un délicieux jardin tout embaumé de fleurs, et une coquette maison de campagne dont la façade était couverte par un énorme rosier.

L'enfant colle sa figure contre les barreaux de la grille, mais n'ose pas sonner. Il y avait de la lumière dans la maison, et, comme les volets étaient ouverts, on pouvait voir ce qui s'y passait.

Une vieille dame à cheveux blancs était assise près d'une petite table. Elle causait amicalement avec une servante bretonne qui faisait le thé et mettait des gâteaux sur la table. Un petit chien noir et une grosse chatte grise se prélassaient sur des coussins et suivaient des yeux avec le plus vif intérêt les préparatifs du repas du soir.

Comme tout cela respirait la paix et le bonheur!

Quelle différence avec le logis de mademoiselle Rébecca! se disait Jenny; elles paraissent si bonnes, elles ne me repousseront pas! Et cependant le malheur l'avait rendue si craintive, qu'elle ne se décidait pas à sonner.

Au bout de quelques instants, la domestique vint fermer les volets, et l'enfant, craignant d'être aperçue, se sauva.

Elle reprit machinalement le chemin de la maison. La nuit était très-noire, le temps s'était gâté, et la pluie commençait à tomber. La pauvre petite frissonnait sous ses minces vêtements. Elle entra dans une allée dont la porte était restée ouverte. C'était un triste refuge, car un sale ruisseau d'égout passait au milieu, mais pourtant elle y était à l'abri de la pluie et du vent. Elle se blottit dans un coin, le dos appuyé contre le mur, et essaya de dormir. « Si seulement je pouvais ne jamais me réveiller! se disait-elle. Ne vaudrait-il pas bien mieux que je sois morte!

Peut-être au ciel trouverais-je mes parents, ou au moins quelqu'un qui m'aimerait. »

Comme elle disait ces mots, elle entendit un petit cri plaintif qui semblait partir de tout près d'elle. L'obscurité est si grande, qu'elle ne voit rien, mais le cri se renouvelle; c'est un faible miaulement, et en palpant soigneusement par terre, elle finit par mettre la main sur un petit chat à moitié mort de froid. Elle le presse contre son cœur, le réchauffe de son haleine, et à l'instant tous ses chagrins sont oubliés. Elle a un être vivant à aimer, à soigner. Elle, si misérable, elle a trouvé une créature plus malheureuse qu'elle, à laquelle elle peut faire du bien. « Je puis le réchauffer, se dit-elle, mais s'il a faim, comment ferai-je pour lui donner à manger? je ne sais moi-même où je trouverai mes repas de demain.»

Lorsque la cruelle Rébecca l'avait mise à la porte, elle s'était dit qu'elle n'aurait plus jamais le courage de rentrer dans cette maison, et de s'exposer aux mauvais traitements de cette méchante femme. Maintenant qu'il ne s'agissait plus seulement d'elle-même, qu'elle avait un petit être qu'elle voulait sauver, c'était différent; et elle se demandait si ce qu'elle avait de mieux à faire n'était pas d'aller frapper à la porte et de s'excuser humblement de sa maladresse. Elle savait bien que la vieille fille détestait tous les animaux, et les chats en particulier; mais celui-là était si petit, il dormait si tranquillement dans sa main, qu'elle espérait pouvoir le cacher à ses yeux de lynx. Elle le fait entrer avec grandes précautions dans sa poche et se dirige vers son ancienne demeure. Il y a encore de la lumière, on n'est pas couché.

Elle frappe timidement, Rébecca ouvre, et, ô miracle! elle accueille l'enfant d'un air assez doux, et lui dit de monter vite se coucher.

Le fait est qu'après le départ de Jenny, le père de Rébecca lui avait fait de graves reproches d'avoir ainsi mis cette petite à la porte à la tombée de la nuit, et lui avait dit que s'il lui arrivait malheur, on pourrait bien les en rendre responsables, et qu'en tout cas cela causerait un grand scandale.

Elle-même, lorsque sa colère avait été passée, s'était dit

qu'elle ne retrouverait pas facilement une servante comme celle-là, qu'elle ne payait pas et qui lui rendait déjà bien des services, et qu'il serait bien ennuyeux de faire toute la besogne elle-même. Elle avait déjà été plusieurs fois regarder à la porte si elle n'apercevait pas l'enfant, et fut fort aise quand elle la vit rentrer.

Jenny couchait dans le coin d'un grenier obscur. Souvent elle avait eu peur la nuit. Ce soir-là, au contraire, sa chambre lui parut un palais. On y était à l'abri, il y faisait sec, et elle avait un lit dans lequel elle pouvait installer son petit chat.

Elle était si découragée quelques heures auparavant, et maintenant qu'elle avait cette précieuse petite bête, elle voyait tout en beau.

Le lendemain matin, à force de ruses et de patience, elle réussit à lui monter presque tout le lait de son déjeuner, et même, plus tard, un peu de viande.

Le soir, elle se hâta de terminer sa besogne pour être libre de monter se coucher. Quel fut son bonheur, en entrant dans sa chambrette, de voir son minet qui jouait à terre avec un bout de ficelle! Comme il était gracieux! comme il était gentil! Elle le nomma Minnie et, depuis ce moment, elle l'aima avec une vraie passion.

Tout le temps dont elle pouvait disposer, elle le passait près de lui. Elle le caressait, elle lui parlait, et était très-convaincue qu'il la comprenait et lui répondait à sa manière.

Le fait est que c'était un petit chat très-intelligent. Elle réussit à lui apprendre à donner la patte, à lécher le doigt quand on le lui disait, et à rapporter de petits objets. Lorsqu'il fut devenu un peu plus fort, elle aurait peut-être eu de la peine à lui procurer une nourriture suffisante si lui-même n'y avait pourvu en attrapant et croquant les souris, qui étaient en grand nombre dans le grenier. Ce fut encore un des grands plaisirs de Jenny de le voir faire sa chasse et jouer avec son gibier avant de le manger.

Lorsque la petite fille entrait dans sa chambre, Minnie sautait immédiatement sur ses genoux et commençait à la caresser avec passion. Elle faisait son rouet, frottant son petit museau contre la figure de sa maîtresse, la léchait et ne se lassait pas de se faire flatter par elle. C'est alors que les deux amies avaient de longues conversations. Jenny allait quelquefois au marché, c'est-à-dire qu'elle y accompagnait Rébecca pour porter son panier.

Un jour qu'elle en revenait, elle dit à Minnie :

— Sais-tu, ma petite, j'ai appris quelque chose aujourd'hui. J'ai appris comment s'appelle la servante bretonne de la maison aux roses. Elle s'appelle Ivonne; n'est-ce pas un joli nom? Tu me dis que tu ne sais pas ce que c'est que la maison aux roses; c'est vrai, pauvre Minnie, tu ne sors jamais, tu ne connais rien. Ah! si je pouvais une fois me promener avec toi dans ce joli jardin, comme nous y serions heureuses! Je crois qu'il y fait toujours beau temps. Tu te chaufferais au soleil, tu sentirais l'odeur des belles fleurs et tu entendrais chanter les oiseaux... Tu dis que les maîtres viendraient nous chasser? Mais non, vois-tu, ils ne ressemblent pas, mais pas du tout, à la méchante Rébecca ni à son grognon de père. La dame a un air si doux, si respectable, et Ivonne paraît si gaie, si bonne enfant! Je pense quelquefois que le paradis où étaient Adam et Ève devait ressembler à ce jardin, et que celui où nous irons dans le ciel, si nous sommes bons, ne pourra guère être plus beau. Tu me demandes si les petits chats iront aussi au paradis?... Eh! sans doute; car, sans cela, comment les petites filles qui aiment leurs petits chats comme je t'aime, pourraient-elles y être heureuses? En tout cas, quand j'y serai, je prierai bien le bon Dieu de t'y laisser venir.

Un autre jour, elle disait à Minnie :

— Devine ce que je t'apporte, petite gourmande... Quelque chose que tu n'as jamais goûté. Oh! tu sens bien ce que c'est, n'est-ce pas? De bons petits poissons crus... Comment, mademoiselle! vous croyez que je les ai volés au marché! Non, non, petite coquine! je vous aime bien, mais pourtant pas assez pour devenir une voleuse pour vous procurer un régal. Une marchande avait jeté ces petits poissons à côté d'elle, parce qu'ils n'étaient pas très-frais, et, pendant que ma maîtresse était occupée un peu plus loin, je lui ai demandé si je pouvais les prendre; elle a dit oui, et je les ai cachés dans ma poche. Ils ne sentent pas très-bon; mais tu t'en régales bien tout de même.

On s'étonnera peut-être que cette vieille fille si minutieuse et si active n'eût pas de suite découvert le petit chat dans son grenier.

Elle n'y montait guère qu'une ou deux fois par an, parce que, pour pénétrer dans ce réduit, il fallait grimper par une échelle et lever une trappe; de plus, ce n'était pas le principal grenier de la maison, et elle n'y mettait rien qui eût quelque valeur. Minnie aurait donc pu y vivre encore pendant longtemps sans être découverte, si elle n'avait pas commis une grave imprudence.

Un matin que Jenny s'était attardée à jouer avec elle, elle s'entendit appeler par sa maîtresse et descendit si précipitamment, qu'elle oublia de refermer la trappe. Cela était déjà arrivé quelques fois, et jamais Minnie n'avait essayé de descendre. Ce jour-là, elle fut moins sage, et, avec de grandes précautions, elle réussit à se laisser glisser en bas d'un des montants de l'échelle. Elle se mit alors à fureter dans tous les coins de la maison et finit par pénétrer dans la cuisine, juste au moment où mademoiselle Rébecca s'y trouvait. Jenny était assise près de la table; elle devint pâle comme une morte quand elle aperçut son chat. Vite elle se lève et veut le prendre pour le cacher; mais déjà les yeux de lynx de sa maîtresse l'ont aperçu.

— Un chat! s'écria-t-elle, un chat ici! A qui est-il? Qui a osé le faire entrer?... Et déjà elle saisit un balai pour le chasser.

— Oh! mademoiselle, dit l'enfant d'une voix suppliante, ne lui faites pas de mal, je vais l'emmener, il est à moi, je l'ai trouvé.

— A toi! à toi! criait Rébecca d'une voix furieuse; tu vas voir comme je te permets d'avoir un chat. Il ne sera pas longtemps à toi; et, poursuivant la pauvre bête effrayée, elle lui assène un grand coup du bois du balai. Minnie pousse un cri plaintif et reste à terre étourdie.

Jenny, à moitié folle de douleur, se précipite sur elle, la prend dans ses bras, ouvre la porte de la rue et se sauve à toutes jambes. Lorsqu'elle fut tout à fait hors d'haleine, elle s'arrêta un instant, considéra la pauvre bête, qui commençait à se remettre, puis, l'embrassant avec passion, elle lui dit :

— Si je ne puis pas être heureuse, toi, au moins, tu le seras, et, sans hésiter, elle reprit sa course jusqu'à ce qu'elle fût arrivée à la maison aux roses.

Elle sonna à la grille. Bientôt Ivonne parut et lui demanda ce qu'elle voulait.

— Oh! mademoiselle, commença la petite tout essoufflée, je vous en prie... et Elle s'arrêta.

— Est-ce l'aumône que tu demandes, mon enfant? reprit la servante. Est-ce que madame te connaît?

— Non, non, mademoiselle, je ne demande rien, au contraire, je voudrais vous donner mon chat.

Et elle écarta ses bras et le montra dans son tablier.

— Nous donner ton chat! Et pourquoi donc? Est-ce que tu ne le veux plus?

— Je ne peux pas le garder!... elle le tuerait! dit l'enfant éclatant en sanglots. Et on a l'air d'être si bien chez vous! et j'aimerais tant qu'il fût heureux!

— Allons, calme-toi, ma petite, viens vers madame Verdier; tu lui raconteras ton histoire.

Et la bonne Ivonne ouvrit la grille et la mena dans le salon où était sa maîtresse.

— Madame, dit-elle, voilà une petite fille qui veut nous faire cadeau d'un chat.

— Un chat, dit la dame fort étonnée, nous n'en avons pas besoin; nous avons Grisette, qui n'a pas envie de donner sa place à personne.

— Elle est si gentille, si intelligente, ma petite Minnie, dit Jenny en pleurant toujours, et nous sommes si malheureuses toutes les deux!

— Alors, tu voudrais que je te l'achète?

— Non, non, madame, seulement la prendre chez vous pour qu'elle soit heureuse.

— Eh bien, et toi, mon enfant, en quoi cela améliorera-t-il ton sort?

— Oh! moi! je serai contente quand je penserai que ma chère Minnie est bien traitée et bien nourrie, et qu'elle habite ce joli jardin et cette belle maison.

Madame Verdier fit tant de questions à la pauvre enfant, qu'elle finit par savoir toute sa triste histoire. Elle en eut grand'pitié et, après lui avoir dit qu'elle consentait à prendre son chat et qu'elle en aurait le plus grand soin, elle l'engagea à venir souvent la voir.

— Je ne le peux pas, dit la petite tristement. Jamais je ne sors que pour aller au marché ou à l'église, et toujours avec mademoiselle. Seulement, je passe souvent devant votre grille, et peut-être que quelquefois je verrai Minnie dans le jardin.

En disant ces mots, elle couvrit la petite bête de baisers, la remit à madame Verdier et s'enfuit sans pouvoir parler, tant elle avait d'émotion.

— Pauvre enfant! dirent les deux bonnes créatures lorsqu'elle fut partie.

Ah! oui! pauvre enfant! Comme sa triste maison lui parut plus triste encore! comme son cœur se serra lorsqu'elle rentra dans son grenier vide! Et cependant, bien qu'il nous en coûte de la laisser ainsi, nous allons la quitter pour quelque temps et nous occuper de Minnie.

Malgré tous les charmes de la maison aux roses, et tous les soins dont on l'accablait, la petite bête fut pendant long-

temps très-triste. Elle souffrait du coup qu'elle avait reçu et plus encore d'être séparée de sa chère maîtresse. Plusieurs fois, elle essaya de s'échapper pour aller la rejoindre, mais Ivonne veillait sur elle et la rattrapait toujours. Elle avait aussi de la peine à s'habituer à la présence de Muff, le petit chien de madame Verdier. Bien qu'il ne lui fît rien, car il était habitué aux chats et même était très-lié avec Grisette, elle en avait peur et ne savait où se mettre quand elle le voyait arriver. Grisette elle-même ne lui faisait pas très-bon visage; elle était jalouse de cette nouvelle venue, et plusieurs fois elle avait voulu lui donner des coups de griffes. La pauvre Minnie n'était donc pas aussi heureuse qu'on eût pu le croire. Elle se tenait presque toujours dans le jardin près de la porte de la cuisine. Là, elle fit une singulière connaissance et se lia d'amitié avec un animal d'une espèce bien différente de la sienne : c'était une grosse grenouille verte, qui était apprivoisée et qui avait l'habitude d'entrer dans la cuisine pour attraper et manger les mouches qui s'y trouvaient en grand nombre. Minnie commença par s'amuser de la voir sauter, puis elle la suivit en la hous-

MINNIE ET LA GRENOUILLE.

pillant légèrement de sa griffe, et enfin elle la prit si bien en affection, qu'elle lui permettait de se mettre entre ses pattes et qu'elle la défendait lorsqu'on voulait la toucher. Elle finit aussi par se familiariser avec Muff. Un jour, elle se hasarda à jouer avec sa queue pendant qu'il dormait, et comme elle vit qu'il ne se fâchait pas, et que c'était très-amusant, elle le fit plus d'une fois, et même tourmenta souvent le patient animal. Avec Grisette les progrès furent plus lents, et nous verrons plus tard ce qui les rapprocha. Ces trois animaux avaient l'habitude de monter tous les jours dans la chambre de madame Verdier au moment où elle prenait son premier déjeuner. Elle avait trois jolies soucoupes dans lesquelles elle mettait du bon lait chaud sucré, et les petites langues roses s'y trempaient avec délices. Madame Verdier avait coutume de sonner pour qu'on lui apportât ce déjeuner, et c'était curieux de voir comme chien et chats connaissaient la sonnette et accouraient dès qu'ils l'entendaient.

Un jour pourtant, Minnie arriva en retard et trouva le déjeuner fini et les soucoupes vides. Je vais vous dire ce qui l'avait si fort occupée, qu'elle n'avait pas entendu la sonnette.

Depuis quelque temps elle guettait dans le jardin deux beaux merles qui étaient sans cesse occupés à chercher des vers de terre. Ce matin-là, elle s'était aperçue qu'ils avaient des petits; leur nid était sur un arbre du jardin voisin, mais se trouvait si près de la crête du mur, que de là on pouvait l'atteindre. Minnie n'avait jamais mangé de petits oiseaux; mais elle avait bonne envie de les voir de près, et peut-être bien de les goûter. Elle grimpa avec précaution le long du tronc d'une vigne, et gagna la crête du mur. Cette crête était si étroite, qu'il n'y avait pas place pour ses deux pattes, et qu'il fallait les poser l'une devant l'autre. Lorsqu'elle fut assez près du nid, les deux pauvres oiseaux, inquiets pour leur famille, se mirent à s'agiter, à voler, à crier; mais inutilement, Minnie avançait toujours. Alors le mâle, prenant courage, vole sur le dos du chat et se met à le frapper tant qu'il peut avec son bec jaune et pointu. Si le chat avait été sur un terrain plat, il aurait bien vite saisi son imprudent ennemi; mais sur la crête d'un mur, s'il

MINNIE ET LES MERLES.

levait une griffe, il perdait l'équilibre, et c'est ce qui lui arriva. Il dégringola jusqu'en bas du mur sans se faire grand mal, et cependant cela le dégoûta de la chasse aux oiseaux. Une fois par terre, son estomac vide lui fit penser au déjeuner; vite il monte à la chambre de madame. Mais, hélas! plus de bon lait, et personne à qui en demander. Comment faire pour s'en procurer? Minnie s'assied sur son derrière et passe et repasse sa patte par-dessus son oreille; signe qui dénote de profondes réflexions. Le bruit de la sonnette est intimement lié dans son esprit avec l'apparition du déjeuner; de plus elle a souvent vu sa maîtresse tirer certain cordon pour faire sonner la sonnette. Pourquoi n'essayerait-elle pas de le faire? Aussitôt elle monte sur un fauteuil près de la cheminée; mais elle a beau se dresser toute droite, elle est encore trop petite; alors elle saute, et s'agriffe des quatre pattes au cordon de la sonnette; son poids fait sonner, et Ivonne paraît bientôt, croyant que sa maîtresse a besoin de quelque chose. Elle éclate de rire en voyant ce que fait la chatte, qui venait pour la seconde fois de sauter sur le cordon. Vite elle appelle madame Verdier, qui admire aussi beaucoup l'intelligence de Minnie, et pour l'en récompenser lui donne une double part de lait sucré.

Vous voyez que notre amie à quatre pattes était bien choyée, bien gâtée. Aussi elle aimait beaucoup ses bonnes maîtresses, et cependant jamais elle n'était aussi caressante avec elles qu'elle l'avait été avec la pauvre enfant dont le visage amaigri venait quelquefois se coller contre la grille.

Les mois avaient suivi les mois, et Minnie était devenue une grande belle chatte. Un beau jour, elle eut des petits, deux petits minets bien doux et bien mignons. Quelques jours après, ce fut au tour de Grisette d'en avoir aussi; mais bientôt on s'aperçut que pendant que ceux de Minnie ne faisaient que teter, dormir et engraisser, ceux de sa compagne criaient toujours et paraissaient dépérir. Probablement que la pauvre Grisette, déjà un peu vieille, n'avait plus guère de lait. Un matin qu'ils miaulaient d'une manière plus lamentable encore que de coutume, Minnie s'approcha de leur panier, et voyant que la mère n'était pas là, elle en prit un délicatement par le cou, le porta auprès des siens, revint chercher l'autre et les allaita tous les quatre. Ils étaient

en train de se bien régaler lorsque la vraie mère arriva.

D'abord elle fut inquiète en voyant son panier vide; mais lorsqu'elle se fut approchée de celui de Minnie et qu'elle vit ce qui s'y passait, elle parut très-satisfaite; elle fit bon nombre de « miaou », donna un petit coup de langue sur le dos de la nourrice, autant à chacun des enfants, puis s'installa aussi dans le panier.

Depuis ce jour, elles soignèrent leur famille en commun; l'une paraissait être la bonne et l'autre la nourrice. Lorsqu'elles voulaient s'absenter toutes les deux, elles donnaient quelquefois leurs enfants à garder au brave Muff. Elles lui apportaient leurs petits sur le coussin où il était couché et avaient l'air de lui recommander de les bien soigner et de ne pas bouger d'auprès d'eux.

Lorsque ces quatre petits personnages commencèrent à jouer et à courir de tous les côtés, ils ne furent plus si faciles à garder, et un jour, l'un d'entre eux courut un grand danger. Il s'était éloigné de sa mère et s'amusait dans la partie la plus écartée du jardin. Un gros oiseau de proie qui planait par là, l'aperçoit, fond sur lui et l'enlevait dans ses serres, lorsque Minnie, qui a entendu le cri d'angoisse de son nourrisson, arrive en courant, fait un bon prodigieux et enfonce ses griffes dans les cuisses de l'oiseau. Il tombe à terre avec elle, lâche le petit chat et commence un combat acharné contre la pauvre chatte. Minnie, déchirée, ensanglantée, n'aurait peut-être pas eu le dessus, si Grisette n'était accourue à son tour; elle se jette aussi sur l'oiseau, qui cette fois trouve plus prudent de s'envoler.

Sans s'occuper de ses propres blessures, Minnie court à son petit, le lèche, et, le voyant tout malade, le prend dans sa gueule, entre dans la cuisine et le met sur les genoux d'Ivonne, comme pour lui dire de le guérir. Le lendemain il n'y paraissait plus et il était aussi gai qu'auparavant.

Un an après l'époque où notre histoire a commencé, on était de nouveau au printemps; les fleurs s'épanouissaient et les oiseaux chantaient dans le jardin de la maison aux roses. Ivonne entendit sonner timidement à la grille, elle alla ouvrir, et vit la pauvre petite Jenny, qu'elle reconnut à peine, tant elle était pâle et maigre.

La brave fille avait bien essayé d'aller voir cette enfant

MINNIE ET L'OISEAU DE PROIE.

chez ses maîtres; mais elle avait été si mal reçue par mademoiselle Rébecca, qu'elle n'avait pas osé y retourner, et depuis, elle n'avait vu Jenny qu'en passant, ou au marché, et ne lui avait pas parlé.

— Es-tu malade, ma pauvre fille? lui demanda-t-elle.

— Oh! oui, mademoiselle, bien malade! Ma maîtresse dit qu'elle ne veut pas que je meure chez elle, et qu'elle va me mettre à l'hôpital. Avant, j'ai voulu dire adieu à ma chère Minnie. Me le permettez-vous?

— Sans doute, mon enfant, dit Ivonne les larmes aux yeux, entre vite et mets-toi là sur le banc au soleil, je vais chercher ta chatte.

Il n'y avait pas besoin de la chercher : sans doute elle avait reconnu la voix de son ancienne maîtresse, car aussitôt elle accourut et sauta sur ses genoux. Ce fut alors des caresses et des tendresses sans fin.

— Que je suis heureuse! dit Jenny. Si vous saviez, mademoiselle, que de fois j'ai désiré pouvoir m'asseoir dans ce beau jardin avec Minnie auprès de moi! N'est-ce pas, ma chatte chérie, que nous en parlions souvent ensemble dans notre grenier. Je crois que c'est la chose que je souhaitais le plus au monde. Hélas! je ne puis y rester longtemps, il faut que je retourne à la maison.

— Reste encore un instant, dit la bonne Ivonne. Je vais chercher madame, qui voudra certainement te voir. Et la brave fille entra précipitamment au salon, et, se jetant presque aux pieds de sa maîtresse, la supplia de prendre l'orpheline chez elle pendant quelque temps. Elle dit qu'elle est bien malade, ajouta-t-elle; mais je suis sûre qu'avec des soins, une bonne nourriture, et surtout un peu de bonheur, nous la guérirons. Il y a une chambre à côté de la mienne qui ne sert à rien et dans laquelle elle serait si bien.

Il n'était jamais nécessaire de presser beaucoup madame Verdier pour lui faire faire une bonne action; son cœur l'y portait tout naturellement.

Elle consentit à tout et dit à Ivonne d'aller arranger la chose avec Rébecca pendant qu'elle causerait avec la petite.

La négociation ne souffrit pas de difficultés, car depuis que la pauvre Jenny était devenue trop faible pour faire son service, l'égoïste vieille fille désirait s'en débarrasser. Ivonne revint donc assez promptement, apportant le petit paquet de hardes de l'orpheline, parmi lesquelles elle avait trouvé soigneusement enveloppé dans du papier le premier joujou qui avait amusé Minnie : un vieux bouchon attaché par une ficelle.

Lorsque la pauvre petite fille eut compris ce qu'on voulait faire pour elle, la joie lui donna une telle émotion, qu'on crut qu'elle allait s'évanouir.

Quelle différence, en effet, dans son existence! Être soignée, choyée, gâtée; pouvoir passer de longues heures à se reposer au soleil au milieu des fleurs et des animaux. Se sentir aimée surtout, voilà ce qui paraissait si doux à la pauvre abandonnée.

Pendant quelques mois, on put espérer que le bonheur lui rendrait la santé; mais lorsque vint l'automne, ses bonnes protectrices s'aperçurent avec chagrin que ses forces diminuaient tous les jours et que bientôt elle leur serait enlevée. La petite elle-même sentit qu'elle allait mourir, et lorsqu'elle les voyait toutes tristes, elle leur disait :

— Ne vous affligez pas; sans doute il m'est pénible de vous quitter, d'abandonner mon petit paradis terrestre, mais je pense que celui du ciel doit bien être aussi beau, et qu'on n'y toussera plus, qu'on n'aura plus mal au côté. Puis je veux aller vers le bon Dieu pour lui demander de vous préparer ses meilleures demeures, à vous qui avez été si bonnes pour moi.

Pendant toute la maladie de sa jeune maîtresse, Minnie ne la quitta pas. Elle était couchée tantôt sur ses pieds pour les tenir chauds, tantôt sur ses genoux, et c'est à peine si elle s'éloignait pendant quelques instants pour prendre ses repas.

Lorsqu'on eut enterré la pauvre petite, qui s'était paisiblement endormie entre les bras d'Ivonne, Minnie disparut, on ne put découvrir ce qu'elle était devenue. Quelques jours après, la bonne servante, en allant porter des fleurs sur la tombe de sa protégée, y trouva la fidèle chatte étendue sans mouvement et sans vie.

MINNIE SUR LA TOMBE DE JENNY.

LE TAUREAU SAM

Il naissait souvent des veaux dans la grande ferme du père Louvel. Lorsque c'étaient des veaux femelles, ou génisses, on les élevait; mais lorsque c'étaient des mâles, on les vendait à des éleveurs ou au boucher.

Un jour pourtant, il naquit un petit veau mâle si joli, si joli, qu'on n'eut pas le courage de s'en défaire. Il était tout noir et avait une étoile blanche sur le front. John, le petit garçon du fermier, le prit en affection; il s'occupait beaucoup de lui, et l'avait nommé Sam. Souvent il venait le chercher dans son étable et l'emmenait jouer avec lui sur l'herbe.

Le petit veau le connaissait très-bien; il beuglait quand il le voyait venir, et lui léchait les mains avec beaucoup de tendresse.

Les veaux grandissent bien plus vite que les enfants, et au bout de quelques années, John n'était encore qu'un très-jeune garçon, et Sam était devenu un taureau très-grand et très-vigoureux. Il resta doux et facile à mener jusqu'au moment où le père Louvel engagea, pour soigner ses bêtes, un garçon de ferme nommé Pierre. Ce garçon était grossier et brutal; il jurait sans cesse et maltraitait les animaux.

Un jour qu'il conduisait Sam au pâturage, il s'impatienta de ce qu'il ne marchait pas assez vite et lui donna avec son gros sabot un coup de pied dans le ventre. Sam poussa un mugissement et le regarda de travers; mais sur le moment il ne lui fit rien; seulement, lorsqu'il fut lâché dans la prairie et que Pierre voulut encore le brutaliser, il fondit sur lui à l'improviste, et, l'enlevant sur ses cornes, il le lança par-dessus la barrière qui entourait le pré. Heureusement que c'était sur de la terre labourée que le garçon tomba. Il fut moulu, contusionné, mais ne se cassa aucun membre.

Depuis ce moment il eut très-peur du taureau, et lui fit

une telle réputation de méchanceté, qu'un jour le fermier Louvel parla de s'en défaire, et défendit absolument à son fils de s'en occuper.

Le jeune garçon se récria et soutint que si son ami Sam était devenu méchant, c'était de la faute de Pierre; que ce vilain homme maltraitait tous les animaux de la ferme, et que certainement il finirait par les rendre tous aussi mauvais que lui.

— Il n'y a pas jusqu'à notre bon chien Trim, ajouta-t-il, qui ne peut le souffrir et grogne lorsqu'il s'approche de lui.

— John n'a pas tout à fait tort, dit la fermière en s'adressant à son mari; Pierre a une mauvaise figure et un mauvais caractère, et je n'ai jamais pu comprendre pourquoi vous l'avez pris à votre service.

— Qu'est-ce que cela me fait qu'on l'aime ou qu'on ne l'aime pas! reprit brusquement le fermier. Il est fort et ne boude pas devant l'ouvrage; c'est tout ce qu'il me faut.

Au moment où il disait ces mots, un violent coup de tonnerre ébranla la maison. Il fut suivi de plusieurs autres, et la pluie commença à tomber par torrents.

Quelques instants après, Pierre entra dans la cuisine; il secoua ses vêtements mouillés, comme un chien qui sort de l'eau, et, sans dire un mot à personne, alla s'asseoir sous le manteau de la cheminée.

— As-tu mis les vaches à l'abri? lui demanda son maître.

— Oui, elles sont toutes à l'étable, répondit-il d'une voix enrouée.

— Il me semble pourtant qu'on entend des mugissements, dit la fermière. Il ne faut pas les laisser dehors quand il fait de l'orage, car la frayeur les affole, et elles se sauvent ou se blessent.

— Quand je vous dis qu'elles sont toutes rentrées! répondit-il brutalement.

— Qui donc mugit, alors? Est-ce le taureau?

— Peut-être bien. Ce n'est pas moi qui le rentrerais, pour être embroché par ses cornes. Il est effrayant à voir; il tourne, mugit, frappe du pied, et a l'air furieux.

— Bonté divine! cria la fermière, s'il réussit à s'échapper, il fera des malheurs.

SAM APRÈS L'ORAGE.

— Pauvre Sam! dit John, il a peur de l'orage, voilà tout, et il n'aime pas être mouillé. Moi je vais le chercher, je ne suis pas si poltron que Pierre; et sans écouter les remontrances de sa mère, l'enfant partit en courant.

Son père, très-inquiet, le suivit de loin en lui criant de revenir, qu'il lui défendait d'y aller; mais l'orage faisait tant de bruit, et John courait si vite, qu'il n'entendait rien.

Lorsqu'il fut arrivé à la prairie où était le taureau, il ralentit sa course et se mit à l'appeler et à lui parler d'une manière caressante. Aussitôt le gros animal, qui paraissait en effet être très-agité, commença à se calmer; il flaira son jeune ami, et se laissa détacher et emmener aussi docilement que s'il avait été un mouton. Il paraissait rassuré par sa présence, et reconnaissant de ce qu'il le mettait en sûreté.

Le fermier fut si heureux de voir son garçon sain et sauf, qu'il ne le gronda pas trop de sa folle escapade. Au fond de son cœur, il était fier d'avoir un enfant si courageux, et cela contribua à le rendre plus indulgent.

Depuis ce jour, Sam parut encore plus attaché à son jeune

maître. Il avait quelquefois des jours de méchante humeur et des accès de colère pendant lesquels il était terrible. Alors personne ne pouvait s'approcher de lui sans danger, excepté John; toujours il se calmait à sa voix et venait le caresser.

Cet intelligent animal était aussi très-bon avec les autres bêtes de la ferme.

Un jour on avait mis des moutons paître dans la prairie où il était. Un de ces animaux, qui était très-gros et très-dodu, fut renversé par les autres et tomba juste à plat sur le dos. Le gros maladroit démenait ses jambes à droite et à gauche, et ne pouvait réussir à se remettre sur pied.

Alors, on vit avec étonnement Sam s'approcher gravement de lui, le pousser avec son museau jusqu'à ce qu'il se soit relevé, puis se remettre à paître comme si sa tâche était terminée.

Il donna encore une preuve bien plus frappante de sa bienveillance pour les animaux d'une autre espèce que la sienne.

Depuis quelque temps la fermière s'apercevait que souvent

SAM ET LE MOUTON.

on lui dérobait quelque chose dans sa basse-cour. Tantôt c'étaient des poulets, ou des canards, ou des lapins. Elle en accusait les renards ou les rats.

Mais un matin, grand fut son chagrin en voyant qu'on lui avait enlevé un jeune cochon auquel elle tenait énormément. C'était une truie de race anglaise qui allait bientôt mettre bas et qui était si belle, qu'on comptait la faire figurer à une exposition de bestiaux.

Cette fois, on ne pouvait accuser les rats. Des malfaiteurs s'étaient introduits dans la ferme; mais comment se faisait-il que les chiens n'eussent pas fait plus de bruit?

On était alors au milieu de l'été, et les vaches et le taureau restaient toute la nuit dans un pré assez éloigné de la maison; Pierre était chargé de les garder.

Le matin du vol, John, tout triste, tout agité, se rendit à ce pré pour parler au garçon de ferme de ce qui était arrivé, et pour lui demander s'il n'avait rien vu ou rien entendu d'extraordinaire.

En approchant de la prairie, il vit de loin Sam qui s'était détaché et qui se promenait d'un air menaçant; derrière lui, on apercevait un autre animal plus petit, blanchâtre. John ose à peine en croire ses yeux; il s'approche davantage, mais oui, c'est bien cela, il ne se trompe pas, c'est le cochon que sa mère pleurait si fort un instant auparavant. Comment a-t-il pu venir en cet endroit? Pauvre bête! il est tout ensanglanté; il a une large entaille au cou. On a certainement essayé de le tuer.

John entre dans le champ, qui était entouré d'un fossé large et profond; il s'approche de Sam et veut le rattacher, mais celui-ci se met à courir, baisse la tête, et va ramasser avec ses cornes un objet noir qu'il fait sauter en l'air. John, étonné, voit que c'est une casquette qui excite la fureur de l'animal. Tout cela lui paraît si étrange, qu'il laisse Sam et a truie, et court chercher ses parents.

Lorsqu'ils revinrent, le taureau s'était calmé, et broutait tranquillement; la casquette était déchirée, mais pas assez pour qu'on ne pût la reconnaître comme appartenant à un très-mauvais garnement du voisinage. Pendant que la fermière examinait et pansait son cochon, dont la blessure n'était pas profonde, le père Louvel s'étonnait de ne pas voir

SAM ET LES VOLEURS.

Pierre, il le cherchait de tous les côtés et l'appelait. Comme il s'approchait du fossé, il crut entendre un gémissement; il s'avance et aperçoit, tout au fond du fossé, un homme étendu et à demi caché par les herbes. Il descend, l'examine : c'est Pierre, Pierre, qui pousse des cris de douleur dès qu'on veut le toucher. D'abord, il ne voulait pas dire pourquoi il était là, et qu'est-ce qui l'avait mis dans cet état. Mais plus tard, quand on l'eut transporté à la ferme, il fit des aveux complets, et voilà ce qu'il raconta :

C'était lui qui à plusieurs reprises avait volé dans la ferme. Il était aidé par un de ses camarades, qui allait vendre au loin ce qu'ils prenaient, et lui donnait la moitié de l'argent. Le beau cochon gras les avait tentés. Mais comme il n'aurait pas été facile de l'emmener vivant, ils s'étaient décidés à le tuer, et l'avaient conduit dans le champ aux vaches pour qu'on n'entendît pas ses cris de la ferme.

Pierre savait le taureau enchaîné, de sorte qu'il ne le craignait pas. Mais au premier cri que poussa la truie, Sam fit un si violent effort, qu'il enleva son pieu. Il se précipita sur Pierre avec tant de rapidité, que celui-ci n'eut pas le temps de l'éviter; il fut saisi par les redoutables cornes et lancé en l'air. Heureusement pour lui il tomba dans le fossé auprès duquel il était; sans cela la bête furieuse l'aurait achevé. Son complice tenta encore de s'emparer du cochon, mais toujours le taureau se mettait devant lui et il paraissait si décidé à défendre son compagnon, que le voleur fut obligé de s'éloigner au plus vite sans même ramasser sa casquette, qu'il avait laissée tomber.

Ce complice fut arrêté par les gendarmes, et lui et Pierre furent condamnés à plusieurs années de prison.

Sam devint beaucoup plus doux lorsqu'il n'eut plus Pierre pour le brutaliser, et le fermier et la fermière, reconnaissants du service qu'il leur avait rendu, le gardèrent chez eux jusqu'à sa mort, et le soignèrent toujours très-bien.

LES AVENTURES DE TOMY

Tomy était un ânon qui avait été élevé dans une grande et belle prairie par une vieille mère infirme.

Cette mère se nommait Jeannette; après avoir rendu de longs services dans une famille riche, elle avait fait une chute et s'était démis l'épaule. Depuis elle marchait très-difficilement et ne pouvait plus être utile. Cependant, comme c'était une belle et bonne bête, on ne voulut pas la faire tuer, et on la laissa vivre à sa guise dans la prairie et y élever son ânon. L'herbe de ce pré était fraîche, tendre et fleurie. A l'un des bouts coulait une petite rivière ombragée par de beaux arbres. Même par les plus fortes chaleurs, on trouvait toujours là une fraîcheur délicieuse et de l'eau limpide pour se désaltérer. Dans un autre endroit il y avait une cabane qui servait d'abri lorsqu'il faisait mauvais temps. Cette prairie était donc un vrai paradis pour les ânes.

Tant que Tomy fut très-jeune, il se trouva parfaitement heureux : il tetait, broutait, courait, gambadait tout le long du jour; mais lorsqu'il fut devenu grand et fort, il commença à s'ennuyer de faire et de voir toujours la même chose. Il apercevait de loin des chevaux et des ânes qui passaient sur une route, et souvent il restait des heures à les regarder et à envier leur sort.

Voilà ce qui s'appelle vivre! disait-il, en considérant un beau coursier attelé à un tilbury. Aujourd'hui il est ici, demain il sera bien loin; il voit du nouveau, il lui arrive des aventures, et partout on l'admire, on le caresse. Tandis que moi! cela n'est vraiment pas vivre! Que fais-je ici? je végète comme les plantes, voilà tout. Et foulant d'un pied gédaigneux cette riche pâture, il va vers sa mère, et lui dit :

— Je suis tout à fait dégoûté de cette herbe, elle est amère, elle a mauvais goût, j'ai bien envie de traverser la rivière, et d'aller essayer si celle de l'autre prairie n'est pas meilleure.

— Garde-t-en bien, mon enfant, lui répondit Jeannette; ce n'est pas sans raison que notre bon maître nous a entourés de toutes ces barrières; le monde est rempli de dangers pour nous autres pauvres bêtes, et tu es bien heureux d'en être à l'abri.

— Bien heureux! bien heureux! grommela l'ânon; cela n'empêche pas que je m'ennuie mortellement.

Deux jours après, il revient de nouveau vers sa mère et se plaint d'être malade; l'herbe ne convient pas à son estomac; l'eau est malsaine et lui donne des tranchées; bref, il va mourir s'il ne change pas de pâturage. La bonne Jeannette, tout éplorée, lui fait encore mille objections, et cherche à le retenir; mais lui, sans l'écouter, s'avance dans la rivière. L'eau est profonde, il lui faut nager quelques instants; mais bientôt il touche l'autre rive; il y grimpe, se secoue, et sans seulement jeter un regard à sa pauvre mère, qui tout inquiète se penche au-dessus de l'onde, il se met à courir et à gambader.

Tout à coup il aperçoit à une assez grande distance des animaux qu'il prend pour des ânons. Très-désireux de faire leur connaissance, il galope de ce côté-là. Il traverse des fossés, franchit des barrières et arrive bientôt auprès d'eux. Là, il s'arrête étonné; ces grosses bêtes, avec des oreilles courtes et des cornes, qui le regardent d'un air assez pacifique, ne sont pas des ânes, ce sont des vaches. Il veut leur parler, elles ne comprennent pas son langage, ni lui le leur. Au bout d'un moment, il s'enhardit, et pour les engager à faire une partie de jeu avec lui, il se met à sauter et à ruer. Malheureusement, un de ses sabots effleure le flanc d'une jeune vache rousse, elle pousse un beuglement plaintif; aussitôt un énorme taureau, que jusque-là il n'avait pas remarqué, s'avance pour défendre ses compagnes, et fond les cornes en avant sur notre imprudent baudet. Celui-ci l'aperçoit à temps et détale au plus vite. Il est si effrayé, qu'il n'ose pas se retourner pour voir s'il est poursuivi, et il court, court, jusqu'à ce que, n'en pouvant plus, il tombe épuisé auprès d'une barrière qu'il n'a plus la force de franchir. Il se retourne tremblant d'apercevoir son redoutable ennemi, et même de sentir ses cornes aiguës; mais non, il le voit de loin qui rejoint sa famille.

On était au milieu de l'été; épuisé par une course aussi désordonnée, notre pauvre Tomy souffrait cruellement de la chaleur et de la soif. Il se relève languissamment et va partout, cherchant quelque ruisseau ou quelque source; enfin, il aperçoit une auge en pierre qui lui paraît devoir contenir de l'eau; vite il s'approche, y plonge ses naseaux. O malheur! l'auge est vide. Il pousse un cri de douleur, un hennissement lui répond, il entend des pas et déjà craint de voir paraître son ennemi le taureau; heureusement ce n'est qu'un cheval, qui s'approche et lui dit :

— Que viens-tu chercher là, mon cousin, et depuis quand es-tu dans mon pré?

Le pauvre Tomy lui raconte son histoire et lui dit qu'il avait espéré trouver un peu d'eau dans cette auge.

— Tu vois ce grand morceau de bois, dit le cheval, c'est une pompe, et il faut pomper pour faire couler l'eau dans l'auge.

— Pomper! qu'est-ce que c'est que cela? dit l'innocent baudet. Est-ce que vous savez le faire?

— Sans doute, mon maître le fait tous les jours pour nous donner à boire. Une fois cependant il nous a oubliés, il faisait bien chaud et j'avais bien soif. Probablement que le maître avait bien soif aussi, et que c'est pour cela qu'il s'attardait au cabaret; mais cela ne nous donnait pas à boire. Je souffrais cruellement, et les camarades autour de moi hennissaient de douleur. Je me dis : Voyons donc si je ne pourrai pas faire marcher cette machine; je pris le bâton entre mes dents et je fis aller ma tête en haut et en bas jusqu'à ce que l'eau coulât à flots. Lorsqu'il y en eut assez dans l'auge, je bus, et mes compagnons aussi.

— Oh! dit l'ânon émerveillé, comme vous avez de l'esprit! Faites-le donc un peu devant moi, je vous prie.

Le cheval prit alors la brimbale dans sa bouche et pompa aussi bien qu'un homme eût pu le faire. Il fit bientôt jaillir une eau claire que Tomy buvait à mesure qu'elle coulait. Lorsqu'il fut suffisamment désaltéré, le sage cheval lui dit :

— Maintenant, mon jeune ami, si vous voulez m'en croire, vous retournerez vers votre mère; car si vous tombez entre

LE CHEVAL ET LA POMPE.

les mains des hommes, vous ne pouvez vous figurer quelle triste vie vous aurez à passer. On vous accablera de fardeaux trop lourds pour vous, on vous nourrira maigrement, et les coups pleuvront sans cesse sur votre échine. Voyez un peu dans quel état ces cruels m'ont mis.

Tomy regardait le cheval avec stupéfaction. Il le trouvait si beau, si majestueux. Il ne pouvait se figurer qu'on eût osé frapper une si noble bête; et cependant, il lui voyait les genoux ensanglantés et les flancs couverts de plaies rougeâtres.

— Comment les hommes ont-ils pu vous traiter ainsi? s'écria-t-il. Leur aviez-vous donc fait du mal?

— Au contraire, je les ai servis fidèlement tant que j'ai pu; mais l'âge est venu, les forces ont diminué. Lorsqu'il ne m'a plus été possible de traîner des charrettes aussi lourdes, on m'a accusé d'y mettre de la mauvaise volonté, et on m'a accablé de coups. Quelquefois je faisais de tels efforts pour leur obéir et échapper à ces mauvais traitements, que je tombais épuisé et me meurtrissais cruellement. Maintenant, ils sont bien forcés de me laisser reposer un peu pour que mes plaies se guérissent; mais dès que j'irai mieux, ce sera à recommencer.

— Oh! dit l'ânon tout effrayé, je ne savais pas que l'homme était un si méchant animal; je cours rejoindre ma mère.

En finissant ces mots, il saute par-dessus la barrière qui fermait le champ, et se trouve sur une route assez poudreuse. Il se met à trotter dans la direction qu'il croit la bonne; mais il a beau marcher, marcher, il ne retrouve plus sa chère prairie. A la tombée de la nuit, il pénètre dans un bois de sapins; il est fatigué, il a faim, et autour de lui il ne trouve que quelques ronces coriaces et les feuilles piquantes des sapins, qui lui déchirent les gencives. Il passe la nuit dans cet endroit, et se remet en route dès que le jour a paru. Bientôt il arrive à un village et, poussé par la faim, il entre dans un jardinet et commence à manger des jeunes choux et des salades assez succulentes. A peine en avait-il dévoré trois ou quatre, qu'il entend un grognement sourd, puis un rauque aboiement. Un boule-dogue sort de sa niche et se précipite sur lui pour le mordre. L'excès de

TOMY ET LE BOULEDOGUE.

sa frayeur lui donne du courage, il se met à ruer, à se démener si bien, que d'un coup de pied il lance le chien en l'air, et, avant qu'il ait eu le temps de se relever, il court sur lui, le saisit avec ses dents par la peau du cou et le porte au-dessus d'un puits qu'il avait remarqué tout près de là. Il le lâche, et plouf! la méchante bête tombe au fond. Tout fier de son triomphe, notre héros fait entendre un chant de victoire. Il commence à braire d'une manière si retentissante, que tous les échos d'alentour en résonnent.

Mal lui en prit, car à ce bruit un paysan et plusieurs gamins sortirent de la maison. Grande fut leur colère lorsqu'ils virent un baudet au milieu de leur jard n. L'un prend un bâton, l'autre un fouet, l'autre un balai, et les voilà se ruant sur la pauvre bête et la frappant à qui mieux mieux. Tomy détale au plus vite, et les gamins le poursuivent en criant à tue-tête.

Ils n'auraient jamais pu parvenir à l'attraper si d'autres enfants, attirés par le bruit, n'étaient venus lui barrer le passage. En un instant la pauvre bête effrayée, ahurie, se trouve entourée d'une foule de petits êtres bruyants, agités, malfaisants. Un d'entre eux le prend par une oreille, un autre par l'autre, plusieurs se pendent à sa crinière et finissent par réussir à se hisser sur son dos. Enfin, lorsqu'il y en a quatre établis à califourchon, l'un derrière l'autre, on le lâche. Le pauvre Tomy veut courir, se sauver; mais, hélas! le poids est trop lourd, il plie sur ses jarrets et peut à peine se remuer. Alors on le frappe, on le pousse, on le pique, et tout cela au milieu des cris les plus assourdissants. Oh! comme il regrette maintenant sa paisible prairie! Enfin, une idée lumineuse lui vient, il se baisse vivement, se met à genoux; puis il se couche, renversant les quatre cavaliers dans la poussière, et commence à se rouler et à démener ses sabots avec tant d'énergie, que les enfants effrayés s'éoignent au plus vite, entraînant, soutenant ceux qui sont tombés et qui hurlent de douleur; car, outre les meurtrissures de leur chute, ils ont presque tous reçu quelques coups de pied.

L'ânon profite de ce moment de répit, il se relève et se met à courir, à courir tant qu'il a de jambes. En l'entendant galoper ainsi, les gens sortent de leurs maisons et essayent de l'arrêter; les chiens lui courent après en aboyant, et, sa frayeur augmentant, il va toujours plus vite. Enfin, il arrive près d'une petite rivière, se jette dedans, la traverse à la hâte et atteint épuisé l'autre rive. Il s'étend à demi mort sur une herbe douce et fine. Cependant il règne en cet endroit une fraîcheur si délicieuse, la tranquillité y est si parfaite, que bientôt il se sent revivre.

— Ah! dit-il, que ne puis-je rester toujours ici! mais non, ce bonheur m'est refusé; j'entends des pas, je ne suis pas seul! sans doute je vais encore être chassé, tourmenté! et, plein de découragement, il pose sa tête à terre et ferme les yeux.

Alors il sent un souffle chaud passer sur son corps et une langue caressante effleurer sa tête. Il regarde et ne peut en croire ses yeux: c'est sa mère, la bonne Jeannette, qui se penche sur lui et avec un soupir lui dit :

— Te voilà donc revenu, pauvre enfant! et dans quel état!...

— Oh! mère, lui répondit-il, que j'ai été fou! mais j'en suis bien puni, j'en suis bien repentant, et tout ce que je désire maintenant, c'est qu'on me laisse toujours vivre près de toi dans notre belle prairie.

LA BREBIS VOYAGEUSE

Un grand troupeau de moutons passait sur une route, et une petite fille pauvrement vêtue était montée sur un tas de cailloux pour mieux le voir passer. Elle suivait avec beaucoup d'intérêt les mouvements des chiens, qui, agités, actifs, retenaient un mouton, en pressaient un autre, et allaient sans cesse de la tête à la queue du troupeau.

La petite, qui s'appelait Claudine, s'étonnait déjà de ne pas voir le berger, lorsque celui-ci parut, poussant devant lui une brebis qui semblait n'avancer qu'à regret. Il tenait quelque chose dans ses bras, et lorsqu'il fut près de l'enfant, il lui dit :

— Viens ici, petite, j'ai un cadeau à te faire.

Claudine, un peu intimidée, descendit de son tas de

pierres et reçut dans son tablier un tout petit agneau que le berger lui tendait.

— Il est né cette nuit, ajouta-t-il, et comme j'ai une longue route à faire, je ne puis m'en charger. D'ailleurs il est si faible, que je ne crois pas qu'il vive. Mais quand même il mourrait, sa peau vaut toujours quelque chose.

En disant ces mots, il se remit en route, frappant de sa houlette la pauvre brebis, qui bêlait en regardant son enfant.

Claudine était si interdite, qu'elle ne remercia même pas le berger. Elle regarda tendrement la jolie petite bête, la serra contre son cœur et s'écria :

— Oh! tu vivras, n'est-ce pas? tu vivras, je t'aimerai tant! et, l'enveloppant soigneusement dans sa jupe, afin qu'elle n'eût pas froid, elle la porta à la maison.

Jeanne, la mère de Claudine, était une pauvre veuve qui gagnait péniblement sa vie en travaillant aux champs. Elle demeurait dans une chaumière isolée, et sa seule richesse était une belle chèvre dont elle vendait le lait.

Ce jour-là, par bonheur, elle était restée à la maison pour laver son linge.

— Qu'y a-t-il? demanda-t-elle, en voyant rentrer sa fille toute rouge et tout émue.

— Oh! maman! je suis si heureuse! jamais de ma vie je ne l'ai été autant. Regarde un peu ce qu'un berger m'a donné : un amour d'agneau, un agneau pour moi! pour moi qui ne possédais rien au monde que ma vieille robe trouée.

Jeanne ôta ses mains du baquet, les essuya à son tablier et vint examiner le petit animal.

— Ne te réjouis pas trop, ma fillette, il a l'air bien faible, ton agneau, et je doute qu'il puisse vivre; cependant nous allons essayer de le ranimer.

Elle alla vite traire la chèvre et fit avaler quelques cuillerées de ce lait tiède à l'agneau; puis elle l'enveloppa bien chaudement dans une vieille jupe de laine et le coucha près du feu. Au bout de quelques instants, Claudine eut le bonheur de l'entendre bêler doucement et de lui voir faire quelques efforts pour se relever et se mettre sur ses petites jambes.

Elle lui donna encore à boire, et depuis ce moment les forces lui revinrent à vue d'œil.

Le lendemain, on voulut lui persuader de teter la chèvre; mais ni lui ni la mère nourrice ne voulurent s'y prêter.

Claudine, voyant que la petite bête suçait volontiers ses doigts, eut l'idée de tremper sa main dans le bol au lait, et en tetant les doigts il buvait le lait. De cette manière, elle l'éleva très-bien.

Au bout de quelques jours, il put commencer à la suivre partout où elle allait. C'était une grande distraction pour la pauvre petite, d'avoir ce gentil compagnon; car souvent ses journées lui paraissaient bien longues. Elle n'était pas encore assez forte pour travailler aux champs comme sa mère, il n'y avait pas d'école dans cet endroit isolé et fort peu d'enfants de son âge. Sa seule occupation était de cueillir de l'herbe pour la chèvre, ou de la mener paître le long de la route.

Elle avait nommé son agneau Mirette, parce qu'on lui avait dit que c'était une petite brebis; et c'était vraiment charmant de la voir sauter, gambader autour d'elle, monter sur ses genoux et même sur ses épaules, lorsqu'elle était assise.

Un jour, Mirette et sa maîtresse, après avoir installé la chèvre dans un bon endroit, voulurent aller faire une excursion dans la montagne au pied de laquelle était située leur chaumière. C'était une désobéissance, car la mère Jeanne l'avait bien souvent défendu; mais c'était bien tentant, il faisait si chaud dans la plaine, et là-haut il y avait de si beaux arbres et de si jolies fleurs dans le creux des rochers, sans compter les cascades et les ruisseaux, qui devaient répandre une fraîcheur bien agréable.

En effet, la montée fut un peu rude, mais une fois dans le bois, c'était délicieux. Claudine s'assit un instant sur une pierre couverte de mousse, but de l'eau du ruisseau dans le creux de sa main, puis se mit à faire un bouquet tandis que Mirette sautillait çà et là et broutait du bout des dents les herbes les plus tendres. Jamais la petite fille n'avait vu de si belles fleurs et en si grand nombre; aussi se laissa-t-elle si bien absorber par sa moisson, qu'elle oublia de surveiller Mirette, et lorsqu'elle la chercha des yeux pour partir, elle ne l'aperçut plus. Très-effrayée, elle se mit à l'appeler et à la chercher de tous les côtés. Hélas! personne ne vient, personne ne répond. Au bout d'une demi-heure de recherches infructueuses, l'enfant désolée se laisse tomber à terre en pleurant de tout son cœur. Tout à coup elle s'arrête, elle écoute, il lui a semblé entendre un bêlement lointain; mais oui! elle ne se trompe pas, c'est bien la voix de Mirette. Elle se dirige aussitôt de ce côté-là, en appelant de temps en temps. L'agneau répond, sa voix paraît toujours partir de plus près, et cependant elle ne le voit pas accourir à sa rencontre comme il le faisait toujours.

Bientôt elle en eut l'explication : elle arriva sur le bord d'un ravin profond, le lit d'un torrent desséché, et tout au fond, elle vit la pauvre Mirette qui faisait de vains efforts pour remonter. La petite essaya de descendre, mais la pente était trop à pic, la peur la prit, et elle fut obligée de se cramponner aux broussailles pour ne pas rouler jusqu'au fond. Elle s'assit tristement sur le bord, se demandant ce qu'elle devait faire. Le plus sage était certainement d'aller vite au village chercher du secours pour tirer Mirette de là, et c'est en effet ce à quoi elle se décida. A peine eut-elle fait quelques pas que l'agneau, qui ne la voyait plus, se mit à pousser les bêlements les plus lamentables, si bien qu'elle crut qu'il était attaqué par quelque animal sauvage, et qu'elle revint sur ses pas. Lorsque Mirette vit reparaître sa maîtresse, elle se tranquillisa; mais l'idée que son cher agneau pourrait être mangé par des loups était si bien entrée dans la tête de la petite, qu'elle n'osa plus le quitter. Bientôt le jour allait baisser, et l'idée qu'il faudrait peut-être passer la nuit là dans cette sombre forêt, donna un véritable accès de désespoir à la pauvre Claudine. Elle s'appuya contre le tronc d'un sapin et se mit à sangloter si fort, la tête cachée entre ses mains, qu'elle ne voyait et n'entendait plus rien. Tout à coup elle poussa un cri : une rude main lui a saisi le bras, un homme au visage noir, aux yeux brillants, est tout près d'elle.

— N'aie donc pas peur, petite, dit-il en riant de sa frayeur. Je suis Martin le charbonnier et je n'ai pas coutume de manger les enfants. Mais dis-moi un peu ce que tu faisais là et pourquoi tu pleures ainsi.

— Mon agneau! dit simplement la petite en le montrant du doigt.

— Ah! reprit-il, ton agneau a roulé là au fond, et tu ne peux pas l'en tirer. Pourquoi n'as-tu pas été chercher quelqu'un pour t'aider?

— Les loups l'auraient mangé pendant mon absence.

— Et si les loups étaient venus, est-ce que tu aurais pu le défendre?

— J'aurais peut-être pu leur faire peur.

— Et tu serais restée là toute la nuit plutôt que de l'abandonner?

— Oh oui! je l'aime tant, ma petite Mirette!

Le brave homme fut étonné du courage de Claudine et touché de son affection pour son agneau. Il lui dit de le suivre sur le bord du ravin tout en appelant Mirette.

La petite bête marchait ainsi au fond et finit par arriver à un endroit où la pente était plus douce; Martin descendit la chercher. Il l'apporta à Claudine et voulut même les accompagner jusqu'à leur chaumière.

En route, ils rencontrèrent Jeanne, qui était bien inquiète de n'avoir pas trouvé sa fille à la maison. Elle la gronda bien fort de lui avoir désobéi et remercia chaudement le complaisant charbonnier.

Mirette croissait à vue d'œil et devenait une grande brebis.

On la laissait en liberté et elle suivait partout sa petite maîtresse comme l'eût fait un chien.

Un jour, Jeanne dit à sa fille :

Il est juste que ton mouton nous aide à payer sa nourriture; il a une épaisse et douce toison, il faut qu'il nous la donne. Nous allons le faire tondre, et vendre sa laine.

Claudine avait souvent vu tondre des moutons. Elle avait eu grand'pitié de ces pauvres bêtes auxquelles on attachait les jambes et qu'on jetait brutalement à terre. Elle se souvenait aussi que souvent les grands ciseaux entaillaient un peu la peau ou les oreilles et que les pauvres moutons bêlaient de douleur. Aussi commença-t-elle à protester et à dire que jamais elle ne consentirait à faire faire une si terrible opération à Mirette. La mère tint bon, et lui dit qu'il faudrait bien qu'elle y consentît.

La petite fille ne dit plus rien, mais fut toute songeuse

pendant le reste de la journée. Le lendemain, dès que sa mère fut partie pour sa journée, elle appela Mirette, l'embrassa tendrement comme pour lui demander pardon de ce qu'elle allait lui faire et, armée des grands ciseaux de sa mère, elle se mit en devoir de la tondre elle-même. D'abord tout alla bien, la petite était adroite, et la brebis patiente; mais au bout de quelque temps, Mirette ennuyée, chatouillée par les ciseaux, ne voulut plus rester tranquille. Il fallut interrompre l'opération et la reprendre un peu plus tard. Enfin, à force de patience, Claudine en vint à bout, et lorsque sa mère revint à midi, elle trouva l'agneau affublé d'une camisole bleue et d'un jupon rouge. La petite fille craignant qu'il ne prît froid lui avait mis son costume des dimanches. Il était si drôle ainsi, que Jeanne se mit à rire en le voyant. Elle ne rit plus lorsqu'elle comprit ce que sa fille avait fait, car elle craignait qu'elle n'eût gâté toute la laine; mais en l'examinant, elle vit que le mal n'était pas très-grand, et elle lui pardonna d'avoir fait cela à son insu.

L'année suivante, Mirette, qui était alors une grande et

belle brebis, eut elle-même un petit agneau que Claudine appela Tonton.

Peu de temps après cet événement, la bonne vieille chèvre mourut, et, comme un malheur ne vient jamais seul, Jeanne tomba malade et fut plusieurs semaines sans pouvoir travailler.

Elle avait économisé un peu d'argent pour payer son loyer, mais elle fut obligée de le dépenser jusqu'au dernier sou. Pendant bien des jours, la mère et la fille ne vécurent que de pommes de terre qu'elles cultivaient autour de leur maison et d'un peu de lait de la brebis, car depuis que son petit broutait, Claudine s'était mise à la traire. Avec ce régime, Jeanne ne reprenait pas vite ses forces; cependant elle allait mieux et était un jour à se chauffer au soleil devant sa porte, lorsqu'elle vit arriver le boucher du village voisin, qui était en même temps son propriétaire. La pauvre femme pâlit, car elle savait bien pourquoi il venait, et elle n'avait pas d'argent à lui donner. C'était un homme dur et grossier; il ne tint aucun compte, ni des prières, ni des promesses de la pauvre veuve, et lui dit que, puisqu'elle ne pouvait pas le payer, il ferait saisir ses meubles et la mettrait à la porte. Au moment où il allait s'en aller, il vit arriver Claudine avec Mirette et Tonton.

— Comment! s'écria-t-il, vous me dites que vous n'avez pas un sou pour me payer, et vous avez une brebis et un agneau. Donnez-les-moi, et je vous signe un reçu non-seulement du loyer échu, mais de trois mois d'avance.

— Vous donner Mirette pour la tuer, pour la faire manger! s'écria Claudine en jetant ses bras autour du cou de sa chère brebis, jamais, jamais! j'aimerais mieux mourir moi-même.

— Et laisser mourir ta mère de faim et de misère, grommela le boucher. Tu es libre de le faire; mais comme au fond je suis bon homme, je vous donne huit jours pour réfléchir; si tu ne m'amènes pas tes bêtes avant que ce temps se soit écoulé, je fais tout vendre chez vous et vous mets à la porte.

Il partit, laissant la mère et la fille dans un état de désolation à faire pitié.

Jeanne n'osait presser sa fille de lui faire un si grand

sacrifice, et Claudine sentait bien qu'il était de son devoir de le faire; mais elle n'avait pas le courage de s'y résoudre.

Six jours se passèrent ainsi, six jours aussi douloureux que possible pour la pauvre petite fille, car si Dieu aide toujours ceux qui l'aiment, à supporter un malheur immérité, il se retire de ceux qui luttent contre le sentiment du devoir. Quand Claudine voyait sa mère encore si pâle, si faible, et qu'elle se la représentait errant à l'aventure, sans pain, sans asile, elle se trouvait bien cruelle, bien dénaturée de ne pas vouloir lui sacrifier un animal, quelque précieux qu'il fût. Enfin, elle se décida, embrassa sa mère pour se donner du courage, et partit en appelant Mirette.

Elle suivait déjà depuis quelque temps le chemin du village, et tout en marchant les larmes inondaient son visage, lorsqu'un char de campagne la dépassa; deux hommes étaient dedans, un cocher et un monsieur bien habillé. Ce dernier regarda attentivement la petite fille et ses moutons; puis, lorsqu'il les eut un peu dépassés, il fit arrêter la voiture, descendit et attendit que Claudine fût arrivée près de lui.

— Mon enfant, lui demanda-t-il, est-ce que cette brebis t'appartient?

— Oui, monsieur, répondit-elle avec un gros soupir.

— Elle est d'une très-belle race, ajouta-t-il en caressant Mirette, qui, voyant sa maîtresse arrêtée, s'était approchée et se frottait contre elle.

— Est-ce que tu veux la vendre? Où la mènes-tu ainsi?

— Oh! monsieur! dit la petite en sanglotant de nouveau, je la mène au boucher. Il faut que je la vende pour payer notre loyer; sans cela, on mettra ma mère à la porte de la maison, ma pauvre mère qui est malade.

Et ses sanglots redoublaient.

— Calme-toi, mon enfant, et dis-moi franchement : ta brebis est-elle déjà vendue au boucher?

— Non, monsieur, il ne sait pas que je la lui amène.

— Eh bien, je te l'achète le double de ce qu'il t'en aurait donné, et de plus je te promets qu'elle ne sera ni tuée, ni mangée. J'ai une grande ferme-modèle à six lieues d'ici; j'élève beaucoup de moutons et je désirais depuis longtemps en avoir de cette race; ainsi elle et son agneau seront soignés et traités comme des princes.

La petite ne pouvait en croire ses oreilles. Elle restait là interdite, et sa joie était si grande, qu'elle l'empêchait de parler.

— Allons! reprit-il, mène-moi vers ta mère, car je comprends que tu ne puisses conclure ce marché sans son autorisation.

La mère Jeanne fut presque aussi heureuse que sa fille, lorsqu'elle sut de quoi il s'agissait. Le marché fut vite conclu, et Mirette et son agneau installés sur de la paille, au fond du char à bancs.

Le lendemain, Claudine porta l'argent du loyer au méchant boucher, et il resta encore une bonne petite somme, de sorte que la mère Jeanne put se mieux nourrir et regagner des forces.

La petite fille était heureuse de penser que ses chers moutons étaient si bien placés; mais ils lui manquaient énormément, et depuis leur départ, on ne la voyait jamais rire et folâtrer comme elle faisait auparavant.

Il y avait à peu près quinze jours qu'ils étaient partis, lorsqu'un matin, de très-bonne heure, elle fut réveillée par un bêlement. Elle crut d'abord avoir rêvé.

— Je pense tant à Mirette, se dit-elle, qu'il me semble toujours l'entendre.

Mais non, ce n'est pourtant pas un rêve, voilà encore ce bêlement; et qui donc pousse la porte comme elle le faisait? Vite, elle saute de son lit et va ouvrir.

Oh joie! oh bonheur! c'est Mirette, c'est Tonton; et comme ils sont heureux eux-mêmes! comme ils la caressent, comme ils folâtrent autour d'elle!

Jeanne, attirée par le bruit, arrive aussi, et s'étonne à la vue des moutons.

— Mais qui donc les a ramenés? dit-elle. Je ne vois personne.

— Ni moi non plus, dit Claudine; il faut qu'ils se soient échappés, et qu'ils soient revenus seuls.

— Mais alors, reprend sa mère, il faudra les renvoyer; ils ne sont plus à nous, puisqu'on nous les a payés.

— Les renvoyer! s'écria l'enfant, lorsque je suis si heu-

MIRETTE ET TONTON.

reuse de les revoir! et d'ailleurs, comment pourrions-nous le faire? Le monsieur a dit qu'il demeurait à six lieues d'ici; nous ne pouvons pas les conduire si loin.

— Non, mais nous pouvons faire dire à leur maître de venir les reprendre. Je sais qu'il s'appelle M. M. et qu'il demeure à H. Si nous les gardions sans rien dire nous serions des voleuses, et ma petite fille n'a sans doute pas oublié que le Seigneur a dit : « Tu ne déroberas pas. »

— Oh non! maman, répondit la petite, mais justement hier soir j'avais prié le bon Dieu de faire que je les revisse un jour, et lorsqu'ils sont arrivés, j'ai cru que c'était lui qui exauçait ma prière; et maintenant, s'il faut me séparer d'eux, ce sera encore plus dur que la première fois.

— Je pense que le bon Dieu a plutôt voulu t'éprouver et te donner l'occasion de remplir un devoir difficile. Si tu veux m'en croire, tu vas aller trouver le maître d'école du village, et comme malheureusement nous ne savons pas écrire, tu le prieras de le faire pour nous et de dire à M. M. que sa brebis et son agneau sont revenus ici.

Claudine ne fit aucune objection; elle s'enveloppa de sa

mante, et cette fois sans emmener Mirette, qui paraissait fatiguée, elle prit la route du village, et y arriva après une bonne heure de marche.

Le maître d'école connaissait peu Jeanne et Claudine, parce qu'elles demeuraient trop loin. Il reçut pourtant très-bien la petite, et après avoir écouté son histoire, il lui dit :

— Tu es heureuse, mon enfant, d'avoir une mère si pieuse et si honnête. Elle n'a pas pu t'apprendre à lire et à écrire, puisqu'elle ne le savait pas; mais elle t'apprend une science bien plus précieuse, celle d'obéir au Seigneur, à Celui qui se fait appeler le bon berger et qui aime ses agneaux encore plus que tu n'aimes les tiens. Vous faites partie de son troupeau, toi et ta mère, et il ne vous abandonnera pas. Je vais écrire tout de suite à M. M., et dès que j'aurai sa réponse, j'irai vous la porter moi-même.

En disant ces mots, il congédia l'enfant en lui faisant un petit cadeau.

En effet, quelques jours après, Jeanne vit une carriole s'arrêter devant sa porte. Le maître d'école et M. M. en descendirent; M. M. dit qu'il était émerveillé de l'intelligence de Mirette. Au bout de huit jours, elle avait disparu, et malgré toutes ses recherches, il n'avait pu découvrir ce qu'elle était devenue. En route, il avait appris que plusieurs personnes l'avaient vue passer se dirigeant vers son ancienne demeure. On avait essayé de l'arrêter ou de lui faire rebrousser chemin, mais sans y réussir. On avait aussi remarqué qu'elle faisait un détour pour éviter de passer dans les villages, probablement de crainte que les chiens ne fissent du mal à son agneau. Il ajouta :

— En voyant combien elle vous est attachée, je n'ai vraiment pas le courage de la séparer de vous; et pourtant elle m'appartient, et je tiens à la garder; aussi je ne vois qu'un moyen d'arranger les choses : c'est de vous emmener avec moi. Je donnerai à la mère Jeanne une place dans la laiterie, et la petite Claudine aura le soin particulier des agneaux. Vous serez logés et vous aurez de bons gages. Cela vous va-t-il ?

— Si cela nous va! s'écria Jeanne; mais, ce sera le paradis pour nous! Jamais nous n'avions rêvé un pareil bonheur!

Claudine se tourna vers le maître d'école et lui dit :

— Vous aviez raison, monsieur : le bon berger ne nous a point oubliées.

FIN.

TABLE DES MATIÈRES

FIN DE LA TABLE DES MATIÈRES.

PARIS. — IMPRIMERIE DE E. MARTINET, RUE MIGNON, 2

www.ingramcontent.com/pod-product-compliance
Ingram Content Group UK Ltd.
Pitfield, Milton Keynes, MK11 3LW, UK
UKHW020330230726
13925UKWH00002B/715